"建设强国之道"系列丛书

新时代
建设网络强国之道

谢玉科 杜雁芸 袁 珺 杨苹苹 ◎ 著

中共中央党校出版社

图书在版编目（CIP）数据

新时代建设网络强国之道/谢玉科等著 . -- 北京：中共中央党校出版社, 2025. 3. -- ISBN 978-7-5035-7496-2

Ⅰ. TP393.4

中国国家版本馆 CIP 数据核字第 2025XM2669 号

新时代建设网络强国之道

策划统筹	任丽娜
责任编辑	马琳婷　桑月月
责任印制	陈梦楠
责任校对	马　晶
出版发行	中共中央党校出版社
地　　址	北京市海淀区长春桥路 6 号
电　　话	（010）68922815（总编室）　（010）68922233（发行部）
传　　真	（010）68922814
经　　销	全国新华书店
印　　刷	中煤（北京）印务有限公司
开　　本	710 毫米 ×1000 毫米　1/16
字　　数	190 千字
印　　张	14.5
版　　次	2025 年 3 月第 1 版　2025 年 3 月第 1 次印刷
定　　价	50.00 元

微　信　ID：中共中央党校出版社　　　邮　　箱：zydxcbs2018@163.com

版权所有・侵权必究

如有印装质量问题，请与本社发行部联系调换

前 言

实现现代化是近代以来中国人民矢志奋斗的梦想,中国式现代化是强国建设、民族复兴的康庄大道。党的二十届三中全会审议通过的《中共中央关于进一步全面深化改革、推进中国式现代化的决定》对深化网信领域改革作出了系统部署,描绘了以网信事业高质量发展助力中国式现代化的宏伟蓝图。

当前,全球范围内正在兴起一场具有全局性、战略性和革命性意义的信息革命,推动着人类社会生产方式深刻变革、生产关系重新构建、经济结构全面重组以及生活方式巨大变迁。以互联网为核心的网络信息技术正逐渐发展成为创新驱动发展的引领性力量,世界各国均将信息技术的发展置于国家战略的重要地位,并将互联网视为争夺竞争新优势的战略领域。面对激烈的国际竞争,我国制定并实施网络强国战略,这是有效应对信息技术革命背景下的大国博弈、维护国家网络安全的必然要求。习近平总书记把"网络强国""数字中国""智慧社会"建设纳入实现"两个一百年"奋斗目标的大格局之中,紧密围绕建设网络强国的战略目标,秉持更加开放的胸怀、更加包容的理念、更加创新的精神和更加务实的举措,推动网络强国建设与"五位一体"总体布局、"四个全面"战略布局实现协同发展。

从中国共产党百余年发展史来看，互联网既为党的执政能力建设提供了新机遇，也提出了前所未有的考验。如何把握数字时代的执政规律，已成为新时代党的建设重大课题。西方国家凭借在网络信息技术领域的领先地位，采取"双重标准"策略并将所谓的"国际道义"作为工具，有意识地通过多种手段持续向我国传播西方意识形态，对我国意识形态安全和网络安全构成了严峻挑战。能否在"没有枪炮的战场"打赢"没有硝烟的战争"，事关党的执政安全。习近平总书记站在确保党长期执政的高度，准确把握信息革命带来的机遇和挑战，深刻指出"过不了互联网这一关，就过不了长期执政这一关"[①]，充分体现了党的核心在执政环境和条件发生重要变化的历史条件下，着眼党经受执政考验、提高执政能力、完成执政使命，对共产党执政规律、社会主义建设规律、人类社会发展规律的积极探索和正确把握。

新时代以来，以习近平同志为核心的党中央高度重视信息化转型，推动信息化数字化步伐不断加快、水平持续提升。我国已建成全球最大的光纤和移动宽带网络，云计算、大数据等技术创新能力位于世界第一梯队，工业机器人、工业软件等数字产品和服务能力不断提升。在习近平新时代中国特色社会主义思想特别是习近平总书记关于网络强国的重要思想指引下，党对网信工作的全面领导不断加强，网信工作体系持续完善，网络空间主旋律更加高昂，网络综合治理体系日益完善，信息基础设施建设步伐持续加快，数字经济发展势头强劲，信息领域核心技术自主创新取得突破，信息为民

---

① 《习近平著作选读》第1卷，人民出版社2023年版，第453页。

惠民成效显著，网络安全保障体系和能力建设全面加强，网络空间法治化进程加快推进。

习近平总书记强调，"我们要只争朝夕，坚定历史自信，增强历史主动，坚持守正创新，保持战略定力，发扬斗争精神，勇于攻坚克难"[1]，新时代，我们更有信心和底气走好网络强国之路。

信息化为我国抢占新一轮发展制高点、构筑国际竞争新优势提供了有利契机，为中华民族带来了千载难逢的机遇，对于现代化建设起着重要的基础作用。我们坚信，有习近平总书记关于网络强国的重要思想的科学指引，有中国共产党的坚强领导，有全国各族人民团结奋斗的磅礴力量，全面建成网络强国的目标一定能够实现！

本书旨在全面、系统地探讨新时代建设网络强国的战略意蕴与实践路径。在创作过程中，我们坚持以习近平新时代中国特色社会主义思想为指导，紧密围绕党和国家关于网络强国建设的战略部署，对网络强国建设的时代背景、战略意义、科学内涵等进行了深入剖析。我们衷心希望本书能够为从事网络安全和信息化工作的专业人士、关注网络强国建设的学者以及广大关心国家发展的读者提供有益的参考，为推动我国网络强国建设贡献一份微薄之力。同时，我们也期待更多的有识之士能够加入网络强国建设的研究与实践中来，共同为强国建设、民族复兴伟业添砖加瓦、增光添彩！

---

[1] 习近平：《在第十四届全国人民代表大会第一次会议上的讲话》，人民出版社2023年版，第6—7页。

目 录

第一章　新时代建设网络强国的战略意蕴

一、加快建设网络强国的时代背景　/ 002

二、加快建设网络强国的理论基础　/ 007

三、加快建设网络强国的科学内涵　/ 016

四、加快建设网络强国的重要意义　/ 024

第二章　我国网信事业发展的历史实践

一、正式开启：中国互联网从无到有　/ 030

二、大力实施：从网络大国到网络强国　/ 035

三、持续深化：全面建设新时代网络强国　/ 041

第三章　筑牢国家网络安全屏障

一、我国网络安全面临的挑战　/ 048

二、树立正确的网络安全观　/ 053

三、加强网络安全能力建设　/ 063

第四章 打赢信息领域关键核心技术攻坚战

一、信息领域关键核心技术面临的风险挑战　／072

二、打赢信息领域关键核心技术攻坚战的主攻方向　／075

三、打赢信息领域关键核心技术攻坚战的思路举措　／082

第五章 坚决打赢网络意识形态斗争

一、网络意识形态领域面临的风险挑战　／090

二、筑牢网络意识形态斗争的阵地基础　／096

三、巩固网络意识形态斗争的内容根基　／103

四、加强网络意识形态斗争的能力建设　／110

第六章 以信息化驱动中国式现代化

一、担负起以信息化推进中国式现代化的历史使命　／118

二、把握以信息化推进中国式现代化的历史主动　／127

三、把握以信息化推进中国式现代化的正确方向　／139

四、把握以信息化推进中国式现代化的职责定位　／149

第七章 全方位提高网络综合治理能力

一、实现多主体协同治理　／156

二、坚持多手段综合发力　／165

三、深化网络生态治理　／168

四、加强网络文明建设　／175

第八章 推动构建网络空间命运共同体

一、网络空间命运共同体构建面临的风险挑战　/ 188

二、推进全球互联网治理体系变革的"四项原则"　/ 200

三、构建网络空间命运共同体的"五点主张"　/ 204

四、推动网络空间国际交流合作　/ 209

后　记　/ 221

第一章

新时代建设网络强国的战略意蕴

一、加快建设网络强国的时代背景

时代是思想之母，实践是理论之源。当前，全球范围内正在兴起一场具有全局性、战略性和革命性重要意义的信息革命，推动着人类社会生产方式深刻变革、生产关系重新构建、经济结构全面重组以及生活方式巨大变迁。习近平总书记以"四个前所未有"深刻阐述了互联网发展的重大影响和作用，"互联网发展给生产力和生产关系带来的变革是前所未有的，给世界政治经济格局带来的深刻调整是前所未有的，给国家主权和国家安全带来的冲击是前所未有的，给不同文化和价值观念交流交融交锋产生的影响也是前所未有的"[1]。这种重大影响，也使得网络空间安全和信息化成为涉及党的长期执政和国家的持久稳定、关乎国际竞争格局与国家安全及经济社会高质量发展和人民群众根本利益的战略因素。

（一）世情：网信领域成为大国竞争博弈的重点领域

习近平总书记指出："未来几十年，新一轮科技革命和产业变革将同人类社会发展形成历史性交汇，工程科技进步和创新将成为推动人类社会发展的重要引擎。信息技术成为率先渗透到经济社会生活各领域的先导技术，将促进以物质生产、物质服务为主的经济发展模式向以信息生产、信息服务为主的经济发展模式转变，世界正在进入以信息产业为主导的新经济发展时期。"[2] 以互联网为核心的网络信息技术正逐渐发展成为创新驱动发展的引领性力量，世界各国均将信息技术的

---

[1] 《习近平关于网络强国论述摘编》，中央文献出版社2021年版，第41页。
[2] 《习近平出席2014年国际工程科技大会并发表主旨演讲 指出工程科技进步和创新是推动人类社会发展的重要引擎 强调中国4200多万人的工程科技人才队伍是中国开创未来最可宝贵的资源》，《人民日报》2014年6月4日。

发展置于国家战略的重要地位，并将互联网视为争夺竞争新优势的战略领域。

自21世纪始，全球各国纷纷加强网络空间的顶层设计，加速网络空间的军事竞争，推动网络安全技术的赋能，以期抢占网络空间的战略制高点。美国相继颁布了《国家网络安全战略》和《网络空间战略》，并出台了大数据、计算技术、人工智能、5G等专项战略。美国的战略关注点日趋聚焦网络空间，特别是网络安全领域。自克林顿时期强调"全面防御"策略，至布什时期转向"网络反恐攻防结合"的安全战略，到奥巴马时期突出"网络威慑"的核心理念，直至特朗普时期提出"先发制人网络攻击"的战略构想，美国在安全战略设计上始终高度重视网络安全。与此同时，英国政府相继发布了《国家网络空间战略》《英国创新战略》以及《国防网络弹性战略》等重要文件，其核心目的在于确保关键技术研发的安全性。这些文件强调在先进机器人技术、人工智能、通信技术等领域构建竞争优势，并致力于保护英国关键网络技术的创新成果及其知识产权。此外，英国积极与互联网协议、未来网络、人工智能等领域的产业界、学术界、技术专家以及民间团体展开合作，目的是在关键领域参与全球数字技术标准的制定过程，确保网络空间关键技术的安全性，从而巩固其作为网络大国的地位。自2015年起，欧盟出台了《欧盟单一数字市场战略》《通用数据保护条例》《网络安全法案》以及《开放数据指令》等关键文件。进入2020年，欧盟进一步发布了《5G网络安全指引》《人工智能白皮书》《欧洲数据战略》以及更新的《欧盟网络安全战略》等战略文件。这些文件的连续发布，旨在不断加强网络关键技术创新、数据资源的开发与利用以及数据安全保护。上述战略文件的实施，反映了欧盟在数字空间中追求战略自主权的决心，目标是确保欧盟在"数据赋能"社会中占据领导地位。

面对激烈的国际竞争，我国制定并实施网络强国战略，这是有效应对信息技术革命背景下的大国博弈、维护国家网络安全的必然要求。习近平总书记把"网络强国""数字中国""智慧社会"建设纳入实现"两个一百年"奋斗目标的大格局之中，亲自主持中央全面深化改革领导小组、依法治国委员会、网络安全和信息化领导小组等的重要会议，全面建立涵盖领导管理、内容管控、技术治网等要素的网络综合治理体系。这些举措反映了我国推进网络强国战略的必要性和紧迫性，也充分体现了国家对网信事业发展的顶层设计和战略引导的高度重视。

（二）国情：信息化成为引领高质量发展的关键引擎

新一轮科技革命和产业变革方兴未艾，互联网成为影响世界的重要力量。习近平总书记准确把握信息化潮流与我国发展大势，深刻指出："我国经济已由高速增长阶段转向高质量发展阶段，要充分发挥信息化对经济社会发展的引领作用。"[1] 一方面，信息化为我国抢占新一轮发展制高点、构筑国际竞争新优势提供了有利契机，为中华民族带来了千载难逢的机遇，对于现代化建设起着重要的基础作用。第一，随着大数据在网络空间的深度融合与广泛传播，信息化进程极大促进了各类经济主体跨越时空的高效互联，持续缩小了区域城乡之间的"数字鸿沟"，显著提升了资源配置与成果共享的效率，有效提升了经济发展的可持续性。第二，信息化深度影响了传统经济的发展模式，全面渗透至社会生产活动的各个层面，促进了产业在质量、效率、动力方面的根本性变革，进而优化了产业结构并提升了产业效能。第三，信息化作为一种新兴的经济发展模式，蕴含着巨大的创新潜力。这一趋势促使各大企业重视科技创新能力，提升数字技术的应用水平，进一步提高生产效率和产品质量，从而塑造更具国际竞争力

---

[1] 习近平：《敏锐抓住信息化发展历史机遇　自主创新推进网络强国建设》，《人民日报》2018年4月22日。

的品牌。面对信息化所产生的巨大作用，我国信息化发展仍存在着科技创新能力不强、数实融合程度不足等问题，制约了我国现代化的实现进程。因此，在新发展阶段，我国的网信事业要想破解发展障碍，实现从网络大国向网络强国的跨越，应充分发挥信息化的驱动引领作用。

另一方面，信息化有利于提高人民获得感与幸福感，是高质量发展的重要支撑。习近平总书记指出："当今世界，信息技术创新日新月异，数字化、网络化、智能化深入发展，在推动经济社会发展、促进国家治理体系和治理能力现代化、满足人民日益增长的美好生活需要方面发挥着越来越重要的作用。"[1] 据第52次《中国互联网络发展状况统计报告》，截至2023年6月，我国网民规模达10.79亿人，较2022年12月增长1109万人，互联网普及率达76.4%。亿万网民从互联网中获取信息、传播信息、交流信息等，可以说，网络空间已成为"亿万民众共同的精神家园"。第一，信息化为群众搭建言论沟通平台。从"十四五"规划编制网上意见征求到党的二十大相关工作网络征求意见，创造性地将人民群众的意志、利益、需求通过网络融入党和国家工作大局和战略全局的顶层设计。第二，信息化在推动数字乡村建设方面发挥了重要作用。自2012年至2022年底，返乡入乡创业人员数量累计达到1220万人，其中众多创业者投身于与数字技术紧密相关的领域，乡村数字经济在人才的引领下呈现出蓬勃发展的态势。第三，信息化对于改进和保障民生具有显著成效。通过运用信息化手段，我们积极推进政务公开、党务公开，加速电子政务建设，构建全流程一体化在线服务平台，推动"互联网＋教育""互联网＋医疗""互联网＋文化"等项目，有效减少群众办事往返奔波，实现数据多跑路，不断提升公共服务的均等化、普惠化、便捷化水平。

---

[1] 习近平：《以信息化培育新动能　用新动能推动新发展　以新发展创造新辉煌》，《人民日报》2018年4月23日。

（三）党情：互联网成为党面临的新的重要执政条件

从中国共产党百余年历史来看，互联网是我们党面临的新的重要执政条件和执政考验。习近平总书记站在确保党长期执政的高度，准确把握信息革命带来的机遇和挑战，深刻指出，"过不了互联网这一关，就过不了长期执政这一关"[①]，充分体现了党的核心在执政环境和条件发生重要变化的历史条件下，着眼党经受执政考验、提高执政能力、完成执政使命，对共产党执政规律、社会主义建设规律、人类社会发展规律的积极探索和正确把握。

信息化已成为当今社会的核心驱动力之一，有力推动了产业结构的优化升级与就业结构的改变，催生了智能制造、数字经济、云计算等新兴产业，为经济增长注入了新的动力。然而，也必须看到，互联网给党的执政安全带来重大影响。从意识形态安全的角度审视，境内外的敌对势力正利用互联网这一平台，加紧对我国进行渗透、颠覆和破坏活动。网络意识形态领域的斗争面临着严峻和复杂的形势，各种社会风险向网络空间传导的趋势愈发明显。某些西方国家为维护自身霸权地位，持续利用网络文化这一途径，向其他国家渗透自身的思想观念和意识形态，并企图推广其自我标榜的所谓普遍价值，试图歪曲、抹黑中国的主流意识形态，甚至还别有用心地强力鼓吹"中国威胁论"，并极力从政治、经济、文化等领域不断地对我国进行遏制和施压，企图破坏我国现代化发展进程。从网络安全角度审视，关系国计民生的关键基础设施网络安全问题突出，网络空间军事化趋势加剧，各类网络违法犯罪活动大量发生。网络攻击、网络犯罪、网络恐怖主义等非传统安全威胁因素增加，相比传统安全问题，网络安全具有更强的社会性、跨国性和全球性，对我国国家安全、社会稳定、公共利

---

① 《习近平著作选读》第1卷，人民出版社2023年版，第453页。

益、个人隐私等构成威胁。从技术安全角度审视，我国在关键核心技术领域尚未完全实现自主可控，互联网新技术与新应用的快速发展持续引发新的安全风险。西方国家凭借在网络信息技术领域的领先地位，采取"双重标准"策略和利用所谓的"国际道义"这一工具，有意识地通过多种手段持续向我国传播西方意识形态，对我国意识形态安全和网络安全构成了严峻挑战。能否在"没有枪炮的战场"打赢"没有硝烟的战争"，事关党的执政安全。

必须大力增强网络建设、管理与运用的能力。我国互联网发展将紧密围绕建设网络强国的战略目标，秉持更加开放的胸怀、更加包容的理念、更加创新的精神和更加务实的举措，与"五位一体"总体布局和"四个全面"战略布局实现协同发展。这一战略在实现第二个百年奋斗目标、推进中华民族伟大复兴的中国梦中，将发挥至关重要的作用。

二、加快建设网络强国的理论基础

党的十八大以来，网络强国建设取得重大成就，最根本在于有习近平总书记领航掌舵，有习近平新时代中国特色社会主义思想特别是习近平总书记关于网络强国的重要思想科学指引。溯其根本，习近平总书记关于网络强国的重要思想的理论基础源于马克思主义基本原理的指导、中国共产党几代领导人相关思想的积淀、中华优秀传统文化的滋养，这一思想深深植根于中国特色互联网建设实践之中。

（一）马克思主义经典作家关于科技革命的重要思想

马克思与恩格斯虽未直接阐述与网络相关的理论，但他们所提出的生产力思想、科学技术归属生产力范畴的论断、物质生产力作为人类社会发展的最终决定力量，以及人民群众作为历史主体的原理，对我国网络强国战略的形成，发挥了重要的理论引领和方法论指导作用。

第一，科学技术是生产力。在马克思、恩格斯的表述中很少使用"科学技术"这个概念，但我们可以发现，在经典文本中马克思、恩格斯有大量关于"科学""机器""工业""技术"等方面的论述。马克思指出，"资本是以生产力的一定的现有的历史发展为前提的，——在这些生产力中也包括科学"[1]。这就明确了马克思对于科学技术是生产力的论断。马克思、恩格斯将机器作为生产方式和生产关系革命化的因素，在《共产党宣言》里对科学的力量给予了高度赞誉，指出"资产阶级在它的不到一百年的阶级统治中所创造的生产力，比过去一切世代创造的全部生产力还要多，还要大"[2]，正是大机器等科技生产力的快速提高"使社会各阶级的一切旧有关系和生活条件发生了变革"[3]。进一步地，马克思指出科学技术具备将工业生产中的潜在生产力转化为直接生产力的能力，这一转化过程主要通过渗透至生产力的三大基本要素来实现，尤其在劳动工具的科技化方面表现得尤为显著，即机器的革新。自蒸汽机应用引发的第一次工业革命以来，人们已深刻认识到机器在劳动效率和工作时长方面的巨大优势，这远超人类自身能力。马克思和恩格斯亦洞察到，科学技术在机器上的应用标志着一般社会知识已转化为直接生产力的程度，以及社会生活过程的条件在多大程度上受到一般智力的控制并按照这种智力进行改造。

第二，科学技术风险。资本主义条件下，科学技术对工人来说就是一种异化力量。马克思曾指出："这种科学并不存在于工人的意识中，而是作为异己的力量，作为机器本身的力量，通过机器对工人发生作用。"[4] 马克思、恩格斯深刻地揭示资本主义是建立在对劳动剩余价值的

---

[1]《马克思恩格斯全集》第46卷（下），人民出版社1980年版，第211页。
[2]《马克思恩格斯选集》第1卷，人民出版社2012年版，第405页。
[3]《马克思恩格斯文集》第2卷，人民出版社2009年版，第378页。
[4]《马克思恩格斯选集》第2卷，人民出版社2012年版，第774页。

剥削基础之上的，其运用机器等科学技术的本质不过是为了增加其物质财富，指出"由于自然科学被资本用做致富手段，从而科学本身也成为那些发展科学的人的致富手段"①。面对工人阶级的悲惨境况，恩格斯提出应当到资本主义制度本身中去寻找。同样，马克思通过对资本主义工业发展和机器应用的分析指出：机器的发展和改进虽然提高了生产效率，但同时也可能导致工人失业和劳动条件的恶化②，具体表现为人们对于科技的过度依赖和崇拜，使得人们逐渐失去了自主思考和判断的能力。从根源来看，科学技术异化源于资本主义生产方式的私有制。在资本主义社会中，生产资料私有制导致了劳动力的剥削和压迫，科学技术在这样的背景下被资本家所利用，成为提高生产效率、获取更多利润的工具。马克思、恩格斯深刻洞察了科技异化的制度性根源，为我们消解科技异化的路径提供了明确的方向，同时也为我国网络强国的建设提供了科学的理论指导。

第三，科学技术发展应为广大劳动人民谋福利，要培养科技人才。列宁在揭示发展科学技术目的时指出，社会主义制度下的"机器和其他技术改进应该用来减轻大家的劳动"，为所有人的解放服务，而不是用来"使少数人发财，让千百万人民受穷"③，深刻地揭示了科技发展应致力于服务人民的阶级立场。恩格斯强调人才对于科技进步和社会主义建设的重要作用，他指出："工人阶级的解放，除此之外还需要医生、工程师、化学家、农艺师及其他专门人才。"④掌握社会生产必须掌握和运用知识，人才是科技创新的支撑，为社会主义建设提供着智力支持。列宁指出要重视改造旧知识分子，进而培养劳动人民专家的工作，他说"工人们一分钟也不会忘记自己需要知识的力量"⑤，将社会主义建设

---

① 《马克思恩格斯文集》第8卷，人民出版社2009年版，第359页。
② 参见《马克思恩格斯全集》第2卷，人民出版社1957年版，第423—425页。
③ 《列宁全集》第7卷，人民出版社2013年版，第112页。
④ 《马克思恩格斯全集》第29卷，人民出版社2020年版，第508页。
⑤ 《列宁选集》第3卷，人民出版社1995年版，第378页。

的希望寄托于广大劳动人民的创造和努力，培养更多的科技劳动者。

马克思主义经典作家一方面看到科学技术为经济社会发展所带来的巨大驱动力，另一方面也看到科学技术在资本应用下加重了对工人的压迫，造成了科技异化，彰显了其科学发展观的辩证性。列宁提出关于科学技术为人民服务、培养科技人才等观点，彰显了其思想穿越时代的科学性与指导性。马克思经典作家们关于科学技术的一系列观点闪耀着真理的光芒，是信息技术革命潮流下的指导我国网络强国建设理论的重要源泉。

（二）党的历届领导人关于科技、信息与网络的思想

科学的理论是在继承和发展前人理论的基础上，经过实践的积淀而不断完善。党的历届领导人关于科技、信息与网络的思想是我国网络强国战略理论基石的重要组成部分。

毛泽东关于科技革命的理念，是对马克思、恩格斯科技理论的继承与发展。尽管毛泽东未曾撰写过专门探讨科技创新的著作，亦未直接使用"科技创新"这一表述，而是采用了"技术革命""技术革新"等术语，然而，其科技革命的思想内容却极为丰富，主要涵盖了以下四个层面。第一，"百花齐放、百家争鸣"的科学研究方针。毛泽东在《关于正确处理人民内部矛盾的问题》的讲话中指出，科学上的不同学派应当允许自由争论，要通过自由讨论的办法去解决科学中的是非问题，反对运用行政力量去加以干预，认为那样会有害科学的发展。第二，大力开展技术革命。毛泽东在《工作方法六十条（草案）》中提出"把党的工作的着重点放到技术革命上去"的战略任务，并于1956年1月向全党全国发出"向科学进军"的号召。以毛泽东同志为核心的党的第一代中央领导集体洞悉新中国成立初期恢复经济生产的主要任务，深刻认识到科学技术对于在"一穷二白"基础上建立和巩固新生人民政权、促进经济社会恢复发展、保障社会安全稳定的重要作用，号召

在全国开启科学技术浪潮。第三，采用"整体推进，重点突破"的技术发展策略。毛泽东在工业、国防等关键领域提出了一系列科技创新的主张，并在农业领域强调了农业技术改革的重要性，倡导试制新式农具，提升耕作技术水平。同时，毛泽东注重"重点突破"的战略思想，即集中力量对当前迫切需要解决和具有重大战略意义的科学技术问题进行攻关，以期率先实现突破。比如，在遭受帝国主义威胁时，集中全国人力物力研制原子弹、氢弹等高科技武器。第四，科技发展为了人民。毛泽东强调为人民、靠人民、与工农群众相结合的社会主义建设者的人民观，这与毛泽东思想体现出的人民价值观、历史动力观和群众路线观是一致的。在毛泽东看来，中国共产党领导的科学事业，必然要为无产阶级和人民服务，这就是最大的阶级特征。毛泽东的科技革命思想是马克思主义科技观与中国实际结合的产物，重视把科技的力量应用于新民主主义革命和新中国建设过程中，实现了中国国防高新技术产业零的突破，为中国的科技创新之路奠定了坚实的基础。

邓小平提出的"科学技术是第一生产力"的论断，不仅继承了马克思主义关于"生产力包括科学"的理论，而且将国家的发展重心坚定不移地转移至经济建设上来，并且提出信息科技思想，深刻体现了马克思主义矛盾分析法的现实运用，标志着马克思主义中国化历程中的重大飞跃。作为中国改革开放的总设计师，邓小平是最早关注信息、信息化和计算机技术发展的党和国家领导人之一，他远见卓识，极大地推动了新中国信息革命和信息化建设的蓬勃发展。在改革开放初期，面对以发达国家为主导、以高科技为引领的全球经济政治格局，以邓小平同志为主要代表的中国共产党人，紧紧把握高科技迅猛发展与经济全球化所带来的历史机遇，明确提出了"一个中心、两个基本点"的基本路线，他们将实现工业、农业、国防和科学技术的现代化纳入"三步走"的宏观战略目标，展现了推进中国现代化坚定不移的决心与高度的历史责任感。邓小平深刻指出，在国际竞争日趋激烈的背景下，要实现我国经济社会的稳定发展，必须将信息安全视为国家安全的重要组成部分。① 我们要立足于国家实际和国家利益，积极采取各种技术手段，确保信息的安全开发、安全利用和安全管理。同时，改革开放的本义是开放，只有坚持开放，我们的发展才能更加迅速和健康。因此，邓小平强调："不要关起门来，我们最大的经验就是不要脱离世界，否则就会信息不灵，睡大觉，而世界技术革命却在蓬勃发展。"② 在确保信息安全的前提下，紧抓信息化带来的宝贵机遇，进一步加强与世界各国在信息及信息技术领域的交流与合作。与国际社会携手，共同完善全球信息体系，推动信息开放与共享，确保我国信息资源的畅通无阻和繁荣发展，从而为我国经济社会的全面进步提供有力支撑。邓小平的信息科技思想为中国以后接入互联网、建设互联网指明了方向。

面对日新月异的信息技术发展态势，江泽民以"站在前沿看未来"的宏阔视野，明确指出互联网发展要秉承"积极发展，加强管理，趋利避害，为我所用"基本方针，推动互联网的认识与建设，明确发展任务与重点方向，致力于在全球网络化发展的浪潮中抢占先机。为此，针对互联网信息化建设与治理，我国加强了顶层设计和战略部署。一方面，积极推进网络与国家建设的深度融合。明确提出了实现工业、农业、交通运输业和国防的"四个现代化"的战略目标，其中，关键在于实现科学技术的现代化。推进工业化与信息化建设的深度融合，以充分彰显我国作为工业大国的显著优势。另一方面，加强网络事业的管理与发展。例如，在网络意识形态建设领域，我们强调网络安全与网络健康的重要性，坚持通过网络正面宣传加强健康教育；在经济建设方面，我们组建了信息产业部，推动电子商务与互联网金融的横

---

① 参见《邓小平同志重要讲话（一九八七年二月——七月）》，人民出版社1987年版，第54页。
② 《邓小平文选》第3卷，人民出版社1993年版，第290页。

向联合，实现互联网经济的创新发展；同时，不断健全和完善有关互联网方面的法律法规。同时，江泽民进一步对党员干部如何适应信息化发展趋势提出了要求，强调党员干部必须加紧学习信息网络知识，要"为我们的改革和发展服务，为传播我们的思想文化服务"[1]。江泽民以辩证唯物主义和历史唯物主义的观点，全面审视我国信息技术产业的发展现状，深刻剖析存在的问题，并对国内外的发展经验进行了系统总结。通过长期、深入的研究与思考，他科学地解答了我国信息技术产业发展的重大战略问题，包括如何发展以及选择何种发展路径，从而为我国信息技术产业探索出一条具有中国特色的发展道路，明确了前进的方向。

进入新世纪新阶段，胡锦涛深入分析了时代发展的趋势，提出了一系列关于信息化建设的重要理论，系统地阐释了信息化建设在当前及未来一段时间内的目标、任务、重点及要求，这些论述具有明确的针对性和深远的指导意义，为我国信息化建设的科学发展提供了理论基础和实践指南。胡锦涛的网络发展治理思想在网络信息技术、社会民生保障及网络文化建设等多个领域均有体现。在网络信息技术领域，胡锦涛紧扣互联网发展的新特征，强调要敏锐捕捉并充分利用网络信息技术发展所带来的历史机遇，创新性地提出了电信网、互联网、广播电视网等三网融合发展的战略构想，旨在通过充分发挥网络技术的独特优越性，推动经济社会实现更高质量、更可持续的发展。在社会民生保障领域，胡锦涛始终坚守"以人为本、执政为民"的核心原则，倡导坚持自主创新、培育科技人才、掌握核心技术，从而赢得互联网发展的主动权。他特别指出，为充分发挥互联网的交流互动性、用户基础广泛性以及信息传播迅捷性等优势，进一步满足人民群众的需求，促进医疗、教育、养老等民生领域社会保障体系的网络化建设进

---

[1] 江泽民：《论科学技术》，中央文献出版社2001年版，第180页。

程至关重要。2008年6月，胡锦涛亲自参与了由人民网主办的"强国论坛"网络问政活动，对此次活动给予了高度评价。他充分肯定了广大公务人员积极利用网络平台了解民情、汇聚民意、回应民需的积极行为，认为这是贯彻落实科学发展观、构建社会主义和谐社会的重要体现。他强调，广大网民通过网络这一重要途径表达民意，体现了群众对于公共政策的关心与期望。胡锦涛的这一立场体现了通过网络信息技术深入贯彻党的群众路线的决心与行动。在网络文化建设方面，胡锦涛站在繁荣社会主义文化的高度，明确强调务必全面加强互联网的建设、利用和管理，以推动中国特色网络文化的蓬勃发展，确保互联网成为传播社会主义意识形态的坚实阵地。他特别指出，青少年作为网络空间中最具活力的群体，因其身心尚未成熟，极易受到多元文化的影响。针对这一问题，他提出必须为青少年的健康成长打造文明健康的网络环境，并在全社会范围内积极倡导网络道德风尚。此外，胡锦涛还强调，要加大对网络文化建设的科学管理和依法管理力度，通过加速构建法律规范、行政监管、行业自律、技术保障等多方协同的管理体系，来维护良好的网络秩序，为中国特色网络文化的建设提供坚实的制度机制保障。胡锦涛坚持以邓小平理论和"三个代表"重要思想为指导，基于国内外信息化发展的形势，就如何适应、利用和管理互联网提出了很多具有新的特点的重要论断，促进了我国信息化建设又好又快发展。

党的十八大以来，以习近平同志为核心的党中央统筹中华民族伟大复兴战略全局和世界百年未有之大变局，高度重视互联网、大力发展互联网、积极运用互联网、有效治理互联网，决策成立中央网络安全和信息化领导小组（后改为中央网络安全和信息化委员会），统筹协调各领域网络安全和信息化重大问题，推动我国网信事业取得历史性成就、发生历史性变革，走出一条中国特色治网之道。2014年，中央网络安全和信息化领导小组第一次会议召开，习近平总书记作出"网络安全和信息化是事关国家安全和国家发展、事关广大人民群众工作生活的重大战略问题，要从国际国内大势出发，总体布局，统筹各方，创新发展"的论断，并首次提出"努力把我国建设成为网络强国"①的战略目标。会议审议通过了《中央网络安全和信息化领导小组工作规则》《中央网络安全和信息化领导小组办公室工作细则》《中央网络安全和信息化领导小组2014年重点工作》，明确了中国和中国网信事业未来发展方向，网络强国的宏伟蓝图徐徐铺展。

毛泽东作为党和国家的重要缔造者之一，在新民主主义革命、社会主义革命以及社会主义建设的过程中，发挥了卓越的领导作用，成功开拓了中国的科技事业，引领我国在某些关键技术领域达到了世界领先水平。邓小平作为党和国家领导人中的杰出代表，率先关注信息技术产业与企业的发展，其前瞻性的信息科技思想为我国接入国际互联网、推动互联网建设指出了明确的方向。江泽民在担任党和国家最高领导职务期间，正值世界互联网和信息化事业的蓬勃发展期，他积极推动中国正式加入国际互联网大家庭，有力促进了中国网络信息化建设的深入发展，将中国网络信息化建设推向了一个崭新的高度。在新世纪，胡锦涛针对国内外互联网发展的态势，阐发了一系列富有新特质的重要论述，在广泛的领域与多个方面，对邓小平的信息科技思想以及江泽民的互联网思想进行了丰富与发展。党的十八大以来，习近平总书记从信息化发展大势和国际国内大局出发，坚持马克思主义立场观点方法，深刻回答了为什么要建设网络强国、怎样建设网络强国的一系列重大理论和实践问题，深刻阐述了安全和发展、自由和秩序、开放和自主、管理和服务的辩证关系。这些新观点新论断不仅为解放和发展生产力、加快建设小康社会提供了理论支撑，而且为我国如何开展网络强国建设提供了理论遵循。

---

① 《习近平关于网络强国论述摘编》，中央文献出版社2021年版，第33页。

三、加快建设网络强国的科学内涵

世界百年未有之大变局与信息革命时代潮流发生历史性交汇，我们从来没有像今天这样离实现中华民族伟大复兴的目标如此之近。在这种前所未有的时代大背景下，我国及时提出网络强国战略，加快网络和信息化建设、努力把我国从"网络大国"建设为"网络强国"，并以网络强国建设助力中国式现代化，具有十分重要的战略意义。网络强国战略内涵丰富，可以概括为五个方面，即信息领域核心技术自立自强、加强和创新互联网内容建设、建成全球领先的信息基础设施、培育具有国际竞争力的网信人才队伍、提高网络空间国际话语权。建设网络强国，是一项伟大而艰巨的事业，前景广阔、任重道远，需要久久为功。

（一）信息领域核心技术自立自强

科技是国家强盛之基，创新是民族进步之魂。当前网络信息技术成为全球技术创新的竞争高地和国际战略博弈主战场。党的二十大报告强调："坚持面向世界科技前沿、面向经济主战场、面向国家重大需求、面向人民生命健康，加快实现高水平科技自立自强。以国家战略需求为导向，集聚力量进行原创性引领性科技攻关，坚决打赢关键核心技术攻坚战。"[1]

一方面，经过多年努力，我国积极推进信息领域关键核心技术突破，一些重大创新成果竞相涌现，一些前沿方向开始进入并行、领跑阶段。2020年，北斗三号全球卫星导航系统正式开通意味着我国成为世界上第三个独立拥有全球卫星导航系统的国家。2023年，我国累计

---

[1] 习近平：《高举中国特色社会主义伟大旗帜　为全面建设社会主义现代化国家而团结奋斗——在中国共产党第二十次全国代表大会上的报告》，人民出版社2022年版，第35页。

建成5G基站达到318.9万个，建成5G行业虚拟专网超过2万个，全国"5G+工业互联网"项目数超过7000个，标识解析体系服务企业超30万家，网络基础设施建设持续完善。①截至目前，我国国家智慧教育公共服务平台已经上线，远程医疗区县覆盖率超过90%，数字乡村建设不断增强乡村振兴内生动力。同时，我国实施网络信息领域核心技术设备攻坚战略，高性能计算、量子通信、核心芯片等研发和应用取得重大突破。

另一方面，也要清楚地看到我国科技领域仍然存在一些亟待解决的问题。《"十四五"国家信息化规划》明确提出要把关键核心技术自立自强作为数字中国的战略支撑，加快突破新一代信息通信、新能源、航空航天、生物医药等领域核心技术。在这些领域，我国仍存在核心技术受制于人、一些重要产业对外技术依存度高、先导性战略高技术布局较薄弱等短板。习近平总书记强调："关键核心技术是要不来、买不来、讨不来的。只有把关键核心技术掌握在自己手中，才能从根本上保障国家经济安全、国防安全和其他安全。"②推进关键核心技术创新，一要创新机制。要完善激励机制和科技评价机制，调动科研人员积极性，确保"揭榜挂帅"等攻关任务机制得以切实执行，从而充分发挥制度优势来应对重大挑战。在此基础上，建立一种符合网信领域特点的人才评价机制，构建以实际能力为核心衡量标准的评价体系，摒弃唯学历、唯论文、唯资历的偏见，更加注重专业性、创新性和实用性。二要坚持自主创新与开放创新相结合。紧紧牵住核心技术自主创新这个"牛鼻子"，把创新主动权、发展主动权牢牢掌握在自己手中，协调好自主创新与开放创新的关系，将科技自立自强置于国家发展的核心位置，以自主创新支撑网络强国建设。在坚持开放创新的同时，既要积极引进和学习世界先进的科技成果，更要勇

---

① 中国信息通信研究院：《中国数字经济发展研究报告（2023年）》，2023年4月27日。
② 《十九大以来重要文献选编》（上），中央文献出版社2019年版，第464页。

于探索前人未曾涉足的领域，努力在自主创新上取得显著成就。此外，积极推动核心技术成果的转化应用，力求在特定领域和方面实现"弯道超车"，从而实现从跟随者到并跑者，进而成为领跑者的转变。

（二）加强和创新互联网内容建设

为确保网络内容的高质量与健康发展，应当积极培育充满正能量、倡导积极向上的网络文化，确保主旋律的鲜明和有力，从而为广大网民营造一个清朗、健康的网络空间。网络空间作为亿万民众共同的精神家园，其内部不仅是网民交流思想、分享观点的重要平台，更是凝聚社会共识、强化网上网下团结的重要阵地。因此，在推进网络内容建设的过程中，必须坚决筑牢意识形态工作的防线，有效防范和化解意识形态领域的风险，并积极应对外部风险挑战，以确保网络空间的健康、稳定、有序发展。

习近平总书记强调："网信工作涉及众多领域，要加强统筹协调、实施综合治理，形成强大工作合力。要把握好安全和发展、自由和秩序、开放和自主、管理和服务的辩证关系，整体推进网络内容建设、网络安全、信息化、网络空间国际治理等各项工作。"[①] 互联网内容建设是一项综合性、系统性工程，必须调动各方面积极性，发挥各主体作用，广泛汇聚各方的智慧和力量，落实好各相关方责任。首先，加强党的领导。坚守"齐抓共管、良性互动"的原则，强化党的集中统一领导作用，明确政府行政管理部门的监管职责，确保网信企业切实履行主体责任，同时加强主管部门与企业的紧密协作与协调，形成工作合力。其次，明确职责权限。为突出部门管理责任，应进一步优化政府职能，强化互联网企业的主体责任落实，加

[①]《习近平总书记关于网络强国的重要思想概论》，人民出版社2023年版，第106页。

强互联网行业自律建设,并充分调动网民的积极性和参与度,广泛动员社会各界力量共同参与网络治理。最后,完善监督机制。鼓励网络行业组织建立健全行业自律机制,扩大网络举报工作的覆盖范围。同时,引导网民依法上网、安全上网,通过制度规范行为,实现网民之间的互相引导,为网络管理和治理提供最为广泛而深厚的支持力量。

创新互联网内容建设,坚持正能量是总要求。党的十八大以来,网上正面宣传工作成效显著,重大主题宣传浓墨重彩,网络内容建设扎实推进,但也要看到,互联网给媒体格局和舆论生态带来的深刻变革,网上宣传的传播力、引导力、影响力、公信力需进一步提高。为此,需要进一步创新互联网建设内容。一是旗帜鲜明坚持正确政治方向、舆论导向、价值取向。培育和践行社会主义核心价值观,坚持党管媒体的原则。二是推进网上宣传创新。推动网络宣传理念、内容、形式、方法、手段等方面的创新,针对不同群体的网络阅读习惯和接受心理,开展分众化、差异化、个性化的传播工作。三是对网上热点问题,要线上线下共同发力。针对思想认识层面的问题,应及时进行释疑解惑与正确引导;对于合理的困难及诉求,应竭尽全力予以解决并提供帮助。通过网络引导的有效实施,对网络上存在的各类错误观点进行有理有据的辨析与驳斥,从而将全社会的智慧与力量汇聚到各项工作的推进与落实之中。

(三)建成全球领先的信息基础设施

信息基础设施在经济社会转型发展中的战略性、基础性和先导性作用愈发显著。自党的十八大以来,以习近平同志为核心的党中央深刻洞察并敏锐把握信息革命的发展态势,明确提出构建智能敏捷、绿色低碳、安全可控的智能化综合性数字信息基础设施体系,贯通经济社会发展的信息"主动脉"。

近年来，我国加快完善信息基础设施，统筹推进5G、光纤、北斗导航、IPv6、数据中心、物联网等建设发展，互联互通、共建共享、协调联动水平快速提升，为经济高质量发展提供了有力支撑。目前，我国已经建成全球规模最大、技术最先进的宽带网络，移动通信方面实现4G并跑、5G领先，5G网络全球规模最大。全光底座体系架构及网络建设运营以来，直接经济效益约200亿元；已累计服务超过3.32亿5G用户，1.11亿宽带用户，超过230万条政企专线，在推动数字经济发展和数字化转型等方面取得了显著的社会效益。截至2023年，我国服务行业的5G虚拟专网数接近2.8万个，是2022年同期的1.3倍；以云计算、大数据等为主的新兴业务实现收入3012亿元，同比增长20.5%；"5G+工业互联网"在建项目数超8000个，5G应用已融入67个国民经济大类。据测算，2022年我国算力核心产业规模达到1.8万亿元。算力每投入1元，带动3至4元的GDP经济增长。[1] 未来，我国将加速统筹推进网络基础设施、算力基础设施、应用基础设施等建设，让发展成果惠及全体人民，为我国经济高质量发展注入强大动力。

在审视我国信息基础设施建设的现状时，相较于网络强国的战略目标，我们仍需正视一些显著的问题与挑战。其中，数据资源的有效利用率尚需进一步提升，城乡之间的配套设施发展相对滞后，且部分平台运行设计缺乏清晰性。针对这些不足和挑战，需要采取措施予以解决。首先，推动应用基础设施建设的全面发展，构建具备先进普惠、智能协作特性的生活服务数字化融合设备。其次，统筹推进网络基础设施建设，强化区域间基础设施的互联互通，并鼓励有条件的城市率先开展"千兆城市"网络建设的示范试点工作。最后，加大互联网基础资源的保障力度，包括域名、互联网协议地址和移动应用程序等网络基础资源的管理，以提升互联网基础资源的公共服务能力和服务水平。

---

[1] 中国工业和信息化部：《2023年通信业年度统计数据》。

（四）培育具有国际竞争力的网信人才队伍

"得人者兴，失人者崩。"网信领域是技术、创新密集型领域，千军易得、一将难求。我国科技人才总体规模宏大，但在人才结构上存在突出矛盾，急需一批创新能力强、具有前瞻性、引领性的科技人才队伍。为此，习近平总书记提出："要培养造就世界水平的科学家、网络科技领军人才、卓越工程师、高水平创新团队。"[①]

一是全面筹划并构建多层次的科技人才队伍。要充分利用国际与国内的双重人才资源，一方面，通过实施更为开放的人才引进策略，积极吸引海外顶尖人才投身网络强国的建设中；另一方面，加大本土人才的培养力度，依托我国高等教育体系的优势，发掘并培养具备国际视野的复合型网信领域人才。此外，加强青年人才的培养，注重在科技创新实践的一线中锻炼和选拔青年科技人才，努力构建一支充满活力、规模宏大的青年科技人才队伍。二是拓宽多层次人才选拔途径。习近平总书记提出："要采取特殊政策，建立适应网信特点的人事制度、薪酬制度，把优秀人才凝聚到技术部门、研究部门、管理部门中来。"[②]因此，必须构建与网络信息工作特点相契合的人才评价体系，坚持将实际能力作为核心评价标准，坚决摒弃唯学历、唯论文、唯资历的陈旧观念，凸显专业性、创新性和实用性的核心价值；要建立灵活的人才激励机制，让作出贡献的人才有成就感、获得感；要发挥政府引导和市场主导的作用，加快建立党委和企业自主引才机制，实现人才效能现代化。三是调动多层次科技人才的创造精神。习近平总书记强调，通过调动、调节科技人才的道德、理想、信念等精神性因素，使企业家、专家学者、科技人员强化国家担当、社会责任，为促进国家网信事业发展多贡献自己的智慧和力量，将爱国情怀摆在科技人才道德规

---

① 《习近平关于网络强国论述摘编》，中央文献出版社2021年版，第35页。
② 《习近平关于网络强国论述摘编》，中央文献出版社2021年版，第38页。

范的首要位置，团结广大科技人才矢志爱国奋斗，对老一辈科技工作者的立德树人、言传身教表示崇高敬意，鼓励科技工作者"把自己的科学追求融入建设社会主义现代化国家的伟大事业中去"[①]。建设网络强国，没有一支优秀的人才队伍，没有人才创造力迸发、活力涌流，是难以成功的。要想在这场竞争中占据优势，就必须聚天下英才而用之，建成一支具有国际竞争力的网信人才队伍。

（五）提高网络空间国际话语权

世界的互联网发展需要中国贡献，中国网信事业发展离不开国际交流。我国要深度参与国际互联网治理变革，推动构建人类命运共同体，扩大我国网络空间国际话语权。自党的十八大召开以来，习近平总书记对构建网络空间的形态以及构建方式等关键议题进行了深入的思考，并提出了构建网络空间命运共同体的创新理念。他全面、系统、深入地阐述了全球互联网发展治理的一系列重大理论和实践问题，为网络空间的未来发展描绘了宏伟蓝图，并指明了前进方向。习近平总书记强调指出："网络空间是人类共同的活动空间，网络空间前途命运应由世界各国共同掌握。各国应该加强沟通、扩大共识、深化合作，共同构建网络空间命运共同体。"[②] 当下，世界各国推动数字经济发展的愿望相同、应对网络安全挑战的利益相同、加强网络空间治理的需求相同。因此，世界各国唯有深化务实合作，以共进为动力、以共赢为目标，才能走出一条互信共治之路。2023年11月8日，习近平主席在世界互联网大会乌镇峰会开幕式上深刻指出"互联网日益成为推动发展的新动能、维护安全的新疆域、文明互鉴的新平台"[③]，提出"倡导发

[①] 习近平：《在科学家座谈会上的讲话》，人民出版社2020年版，第12页。
[②] 《习近平关于网络强国论述摘编》，中央文献出版社2021年版，第155页。
[③] 《习近平向2023年世界互联网大会乌镇峰会开幕式发表视频致辞》，《人民日报》2023年11月9日。

第一章
新时代建设网络强国的战略意蕴

展优先,构建更加普惠繁荣的网络空间""倡导安危与共,构建更加和平安全的网络空间""倡导文明互鉴,构建更加平等包容的网络空间"的"三个倡导"。

开放互利共赢是国际互联网不断发展的基础,也是维护网络安全和推进网络治理的前提。习近平总书记从人类命运共同体的世界视野出发,谋划和推动全球互联网治理体系变革,积极为维护网络安全贡献中国智慧和中国方案。一方面,坚定实施创新驱动发展战略,深化国际互联网交流合作。当今世界正迎来以信息技术为核心的新一轮科技革命,互联网的发展已使世界紧密相连,形成了一个真正的地球村,国际社会日益呈现出你中有我、我中有你的命运共同体态势。党的十八大以来,我国信息创新技术取得一系列历史性突破,一批国之重器问世,C919飞机、天宫空间站、福建舰航母、3D激光打印机、东数西算等取得跨越式进展。新一轮科技革命和产业革命深刻影响人类社会发展的方向,其中,信息技术率先渗透到经济社会生活各领域。习近平总书记提出:"各国应该推进互联网领域开放合作,丰富开放内涵,提高开放水平,搭建更多沟通合作平台,创造更多利益契合点、合作增长点、共赢新亮点,推动彼此在网络空间优势互补、共同发展,让更多国家和人民搭乘信息时代的快车、共享互联网发展成果。"[1] 这是全球信息化发展实现合作共赢的中国方案。在全球科技进步与革新的浪潮中,我国秉持更加开放的思维,积极推进与世界各国的交流互鉴,深化国际与国内科技资源的合作共享机制。我们致力于加速科学、技术、企业、人才等资源在全球范围内的广泛流动,以信息流引领技术流、资金流、物资流的高效配置,进一步优化资源配置,确保在新一轮科技革命和产业变革中实现互利共赢的局面。

另一方面,塑造网络向善理念,增进人民福祉。习近平总书记指

---

[1] 《习近平关于网络强国论述摘编》,中央文献出版社2021年版,第154页。

出："当今世界，互联网发展对国家主权、安全、发展利益提出了新的挑战，必须认真应对。"①当前，全球正处于一个世纪以来前所未有的重大变革时期，局部冲突频发。地缘政治的紧张局势导致了全球网络空间对抗的加剧，网络空间安全形势日益严峻且复杂。在2022年，勒索软件的活动水平显著上升，攻击事件数量同比增加了13%，这一数字超过了过去五年的总和。同年，针对软件供应商的网络攻击同比增长了146%，其中62%的数据泄露事件可归因于供应链安全漏洞，供应链已成为网络犯罪的主要攻击途径。为此，习近平总书记提出尊重网络主权的倡议，提出："不搞网络霸权，不干涉他国内政，不从事、纵容或支持危害他国国家安全的网络活动。"②习近平总书记以全球视角规划并推动网络信息化进程，秉持网络向善理念以增进人类福祉，展现了在全球国际网络空间治理中的世界精神与人类意识。我国愿意与世界各国携手，共同打造一个和平、安全、开放、合作的网络空间，为提升全人类福祉贡献中国智慧与中国力量。

四、加快建设网络强国的重要意义

网络强国战略的制定与实施是习近平总书记对信息革命时代潮流与我国互联网发展机遇、问题以及挑战的准确研判和及时回应。这一战略，深深植根于我国互联网发展治理实践，源于实践、指导实践，为我国网信事业取得历史性成就指明方向。新时代新征程，党的中心任务就是团结带领全国各族人民全面建成社会主义现代化强国、实现第二个百年奋斗目标，以中国式现代化全面推进中华民族伟大复兴。建设网络强国是新时代赋予我们的历史使命，对于实现中华民族伟大复兴具有重大意义。

---

① 《习近平关于网络强国论述摘编》，中央文献出版社2021年版，第149页。
② 《习近平总书记关于网络强国的重要思想概论》，人民出版社2023年版，第106页。

（一）网络强国建设是维护国家安全和社会稳定的重要支柱

网络安全是国家安全的重要屏障。习近平总书记指出："要站在实现'两个一百年'奋斗目标和中华民族伟大复兴中国梦的高度，加快推进网络强国建设。"[①]这一重要论述深刻阐明网络强国建设在社会主义现代化建设中的重要作用。党的十八大以来，以习近平同志为核心的党中央从进行具有许多新的历史特点的伟大斗争出发，走出了一条中国特色的"网络强国""数字中国""智慧社会"建设之道，开辟了数字文明时代由"网络大国"向"网络强国"跨越，全面建成社会主义现代化强国之"育新机""开新局"的新境界。

互联网已成为意识形态斗争的关键领域，掌握网络意识形态主导权对国家主权和政权至关重要，依法管理网络是国家主权的体现。同时，网络攻击和犯罪威胁不断，保护关键基础设施安全对国家经济和社会稳定至关重要。加强科技在军事上的应用，提升军事智能化水平，构建坚固的网络安全防御体系，增强防御和威慑能力，是国家安全现代化的关键部分。"没有网络安全就没有国家安全"[②]，这一表述充分说明网络安全已经成为国家安全的重要组成部分。随着军事领域和关键基础设施的信息化，网络军备竞赛和网络战已成为西方国家的重要军事策略。为了维护国家安全，我国必须加强网络安全，重视维护网络安全的制度建设。2019年12月15日颁布的《网络信息内容生态治理规定》织密了网络信息内容治理的规则之网，是构建良好网络生态的重要法治支撑。首届世界互联网法治论坛于2019年12月5日通过的《世界互联网法治论坛乌镇宣言》，形成了来自世界25个国家的对推进互联网法治发展的共同愿景，也充分体现了我国网络法治建设的主张，传播了网络空间全球治理领域的中国声音。此外，随着人工智能和数字

---

① 《习近平总书记关于网络强国的重要思想概论》，人民出版社2023年版，第106页。
② 《习近平总书记关于网络强国的重要思想概论》，人民出版社2023年版，第101页。

经济不断发展，数据成为国家经济发展的新型生产要素和基础性战略资源，必须从战略高度出发，全面审视和应对大数据带来的各种挑战和机遇。我国以总体国家安全观为指导，不断完善维护数据安全的体制机制。从颁布《中华人民共和国数据安全法》《中华人民共和国个人信息保护法》《关键信息基础设施安全保护条例》《国家网络空间安全战略》等网络安全法律法规战略，到出台《国家网络安全事件应急预案》《网络安全审查办法》《云计算服务安全评估办法》等政策文件，建立关键网络安全和数据管理制度，包括审查、评估及个人信息保护；制定并发布360余项国家标准，推动多项国际标准，确立了我国网络安全的基础框架。[1]

（二）网络强国建设是推动我国高质量发展的重要引擎

高质量发展是全面建设社会主义现代化国家的首要任务，其重点在于加速信息领域核心技术突破，以信息化驱动高质量发展。构建网络强国与数字中国，是推进我国新型工业化进程及现代化产业体系构建的重要驱动力。

随着信息化时代的深入发展，数字经济以高速增长和持续创新的态势，广泛融入并深刻影响其他经济领域。在我国国内生产总值中，数字经济所占比重屡创新高，已成为推动创新经济增长方式的强大引擎和新型经济形态的核心力量。当前，我国经济正处于转型升级的关键阶段，需要寻求新的增长动力。因此，必须坚定不移地大力发展数字经济，以持续推动经济结构调整，实现新旧动能的顺利转换。为全面建设网络强国，我国坚定实施"互联网+"行动计划及大数据战略，确保互联网在经济发展中发挥核心作用，通过优化资源配置的信息流，有效转变经济增长方式，进而推动经济的蓬勃发展。我国在网络安全

---

[1] 张璁：《从网络大国向网络强国阔步迈进》，《党史文汇》2022年第10期。

和信息化领域，推动信息化与工业深度融合，利用信息化创新驱动经济社会发展，促进产业数字化升级，旨在构建新发展格局，为高质量经济社会发展提供新动能。党的十八大以来，我国在新型基础设施建设方面取得了显著进展，特别是在新一代超级计算机、大数据中心、人工智能平台、卫星互联网以及宽带基础网络等领域，大力推进数字基础设施建设，有力地支撑了我国高质量发展。目前，我国已构建起全球最大的4G、5G和光纤宽带网络体系，IPv6地址数量位居世界首位，活跃用户数达到6.08亿，计算能力规模位居全球第二，北斗卫星导航系统实现了全球覆盖并广泛应用于多个领域。

（三）网络强国建设是促进世界和平与发展的重要支撑

随着信息化浪潮不断席卷各领域，网络空间以独特的方式架起了自然界与人类社会之间的桥梁。在这片虚拟空间中，人类的交往方式、生产模式和认知格局均发生了翻天覆地的变革，人与物的界限逐渐模糊，人类共同活动的疆域得以全新拓展。在这片自由天地中，每个人都能尽享数字时代的红利，然而，其开放性、无国界性和非权威性也暗含了诸多不确定性，全球网络安全形势愈发严峻，如果不能进行有效的全球网络治理、构建起科学有序的全球互联网治理体系，网络空间就必然成为失序失衡的世界，也会映射影响到现实世界。因此，网络空间需要全球各方共同参与治理，促进网络世界的公平正义。习近平总书记提出全球互联网治理的"四项原则"和构建网络空间命运共同体的"五点主张"，以及"三个倡议"，强调共建网络空间命运共同体，推动网络空间的平等、创新、开放、共享和安全有序。在世界互联网大会上，习近平总书记指出要发展、运用和治理好互联网，让其更好地造福人类。[①] 我国提出网络强国战略，就是要通过我国网络

---

① 参见《习近平总书记关于网络强国的重要思想概论》，人民出版社2023年版，第106页。

空间的有序发展，为全球互联网治理提供中国方案。通过网络强国战略的实施，我国将能够在国际舞台上发挥更大的影响力，推动全球互联网治理体系朝着更加公正、合理的方向前进。不但有助于我国积极参与国际规则的制定，提出符合我国利益和国际社会共同利益的网络治理方案，推动构建一个和平、安全、开放、合作的网络空间，而且有助于促进我国与世界各国在网络技术、网络安全、网络文化等领域的深入合作，共同应对网络空间面临的各种挑战，如网络犯罪、网络恐怖主义等。通过建设网络强国，我国将与其他国家携手共创网络空间命运共同体，共同推动全球网络空间的繁荣与发展，为人类社会的进步贡献力量。

第二章

我国网信事业发展的历史实践

自 1994 年我国加入国际互联网以来，经过数十年的快速发展，我国互联网建设实现了巨大进步，互联网在各个领域的应用也日趋成熟。党的十八大以来，我国网信事业取得历史性成就、发生历史性变革，探索走出了一条中国特色治网之道，正从网络大国阔步迈向网络强国。

一、正式开启：中国互联网从无到有

（一）接入国际互联网

中国对互联网的积极探索始于 1986 年。这一年，中国开始启动学术网的项目，"并通过卫星链路远程访问日内瓦的主机节点"[①]。1987 年，一封承载着"跨越长城，走向世界"愿景的电子邮件，经由中国，穿越意大利和德国的互联网节点，成功发送至全球，此举正式奏响了中国互联网建设的序曲。1988 年初，中国成功构建了覆盖北京、上海、广州、深圳等城市的 X.25 分组交换网 CNPAC，标志着国内网络基础设施的初步建立。1992 年底，中国通过参与 NCFC 项目，成功建立了 CASNET、TUNET 和 PUNET 三个校园网，为学术交流与合作提供了重要平台。而在 1993 年，中国决定启动"金桥工程""金关工程"和"金卡工程"三大国家级工程，分别针对国家经济信息网、国家经济贸易信息网以及电子货币网的建设，这一举措标志着中国互联网基础设施建设正式迈出了坚实的步伐。在此坚实基础上，中国计算机通信业逐步崭露头角。回溯至 20 世纪 80 年代，中国电信部门已在全国范围内启动光缆建设规划，有力推动了电话、电报及传真业务的蓬勃发展。

---

① 国家互联网信息办公室：《中国互联网 20 年》（网络大事记篇），电子工业出版社 2014 年版，第 1 页。

1984年，中国科学院计算技术研究所投资数十万元，创立"新技术发展公司"，这一举措为后续的科技创新奠定了坚实基础。随后，该公司成功研发出具备"联想功能"的产品，并以此为基础，"联想"品牌及其公司名称得以确立。1987年，我国启动互联网建设，促进了计算机通信业的高速发展。1988年，华为公司正式成立，并逐渐成长为国内领先的通信设备制造商。紧接着，1989年，联想公司正式成立，并于次年启动个人电脑的生产与销售业务。至1993年，新浪的前身四通利方公司在北京正式注册成立，此举极大地推动了中国信息产业的进步与发展。[①]张树新创立瀛海威，马云推出"中国黄页"，马化腾建立腾讯。搜狐、网易、新浪、雅虎、微软等网站纷纷上线，网络游戏、网络广告、网络交易等产业蓬勃发展，网络产业成就斐然。

随着互联网技术的日新月异与应用领域的不断拓展，地球上的时空界限日益模糊，使得来自世界各地的人们之间的交流变得日益密切和频繁。在这一过程中，中国何时接入全球互联网络（Internet）亦成为全球瞩目的焦点。[②]1991年10月，在中美高能物理年会上，美方代表怀特·托基提出了与中国在互联网领域展开合作的提议。1992年6月，在INET'92年会期间，中国科学院的钱华林研究员与美国国家科学基金会的代表在日本神户会晤，首次正式讨论了中国接入全球互联网络的相关事宜。1993年6月，在INET'93会议上，中国国家计算机与网络设施（NCFC）的专家们多次强调了中国接入全球互联网络的必要性，并与全球互联网络领域的专业人士进行了深入的交流。INET'93会议结束后，钱华林研究员参加了洲际研究网络协调委员会（CCIN）会议，会议中特别设置了一项议程来探讨中国接入全球互联网络的问题，该议程获得了多数与会者的认同与支持。[③]1994年4月20日，中国科学院计算机网

---

① 韩建旭、胡树祥：《习近平关于网络强国重要思想的形成和发展》，《马克思主义理论学科研究》2019年第1期。
② 刘璐、潘玉：《中国互联网二十年发展历程回顾》，《新媒体与社会》2015年第2期。
③ 《中国互联网发展大事记》，新华网，2007年1月11日。

络信息中心接入国际互联网,成为全球第77个全功能互联网国家,这标志着中国互联网的起步。在改革开放的背景下,作为推进国民经济信息化的重要手段,接入互联网以及发展互联网既是一种"水到渠成"的结果,又在特定的历史阶段被赋予迈向"现代化"的历史意义。[1]

(二)铺设互联网信息高速公路

中国接入国际互联网后,迅速建设了互联网基础设施。中国科技网(CSTNET)开通,中国教育和科研计算机网(CERNET)于1995年完成,中国公用计算机互联网(CHINANET)骨干网络于1996年1月建成并运营。同年9月,中国金桥信息网(CHINAGBN)引入256K专线,提升了网络便捷性。到1997年10月,四大骨干网互联互通,扩大了中国互联网规模。

中国加强互联网规范化管理,出台政策确保其健康发展。1995年,国务院发布《关于加快科学技术发展的规定》,确立信息网络建设战略。随后,政府成立信息化工作领导小组,加强政策管理,进一步规范信息化建设。同时,国家相关职能机构颁布并执行了《中国公用计算机互联网国际联网管理办法》《计算机信息网络国际联网安全保护管理办法》以及《中国互联网络域名注册暂行管理办法》等一系列法规,为互联网的健康发展提供了坚实的法律基础。1997年4月,全国信息化工作会议正式确立了信息化建设的指导原则与核心任务,并制定了国家信息化发展的五年规划纲要,明确将互联网的发展纳入国家战略规划的范畴,这一举措标志着我国信息化建设全面指导体系的正式确立。[2]

---

[1] 谢新洲、石林:《基于互联网技术的网络内容治理发展逻辑探究》,《北京大学学报(哲学社会科学版)》2020年第4期。

[2] 韩建旭、胡树祥:《习近平关于网络强国重要思想的形成和发展》,《马克思主义理论学科研究》2019年第1期。

随着中国网络技术基础设施建设的推进，网络媒体也迅速发展。初期，报纸、杂志、广播、电视等传统媒体纷纷推出电子版和网络版。1995年，《神州学人》杂志和《中国贸易报》分别成为中国第一份中文电子杂志和电子报纸。央视、《人民日报》等也开通了自己的网站。1996年，上海热线作为首个城域网开通，标志着上海信息港建设的重要里程碑。同年，中国开通了至美国的教育科研计算机网络国际线路，并实现了中德学术网络互联，建立了到欧洲的首个互联网连接。同时，中国公众多媒体通信网（169网）全面启动，广东视聆通、四川天府热线等站点也相继开通。①

在互联网蓬勃发展的基础上，中国踏上了铺设网络信息高速路的征途。在技术层面，成功开通了公用数据通信网，并实现了四大骨干网的互联互通，为全球互联网络的进一步发展奠定了坚实基础；在制度层面，制定并完善了网络信息管理规章制度，引领网络信息建设向规范化、系统化的方向稳步前进；在基础设施建设上，不断完善网络技术基础设施，为新媒体的蓬勃发展打下了坚实的基石。

（三）广泛应用互联网技术

中国加强了对互联网和信息化的重视，推动了信息基础设施的快速发展。1999年1月，中国启动了"政府上网工程"，向电子政府迈进。中国教育和科研计算机网及中国科技网通过卫星连接，提高了网络速度并降低了资费。2000年5月，中国的移动互联网正式运行，开启了新的网络时代。中国联通、中国电信、中国移动等运营商推动了移动互联网从2G到3G的升级，促进了移动互联网的繁荣发展。

1999年，受全球互联网热潮影响，中国互联网产业迎来创业高潮，阿里巴巴、百度等公司涌现，电子商务和文化产业等商业模式得到发

---

① 《中国互联网发展大事记》，新华网，2007年1月11日。

展。同年，中华网在美国纳斯达克上市，开启了互联网企业上市热潮。网易、搜狐等企业随后上市，推动了中国网信企业的国际化，激发了互联网领域的财富创造。互联网技术促进了媒体和社会交往的发展。2000年，社交平台如博客、RSS出现，促进人们的信息和情感交流。2008年，校内网、开心网等熟人社交网站兴起，进一步丰富了人们的网络信息传播渠道。2009年，新浪微博等微博平台开通，吸引了名人、企业和政府机构，推动了网络民主。移动互联网的兴起，使得飞信、移动MSN等迅速发展。相应地，网信企业也迅速成长，影响力增加。总体上看，我国网信企业的发展虽然面临国内外激烈竞争，但始终保持积极向前的发展态势。至2011年，互联网行业逐步由单一竞争模式转向竞合共生的新格局，众多企业纷纷将"共生共赢"确立为发展的核心理念，携手推动互联网产业持续健康稳定发展。为了进一步规划互联网技术应用及产业发展，国家密集颁布了一系列互联网相关法律法规。1999年，中央发布《关于加强国际互联网络新闻宣传工作的意见》，确立了网络新闻舆论的方向和传播原则，这是首个规范网络宣传的中央文件。2000年，中共中央在"十五"计划中强调了国民经济和社会信息化的重要性，随后国家发布了《信息产业"十五"计划纲要》，从制度上加强了互联网行业发展的顶层设计。2002年，《关于加强网络文化市场管理的通知》出台，开始整治网络服务场所，随后多个部门发布了相关法律法规。2000年，全国人大常委会通过了首个针对网络安全监管的决定，保护网络空间的合法权益。至2011年，互联网产业的法律法规体系已较为完善。

在此过程中，我国确立了"积极利用、科学发展、依法管理、确保安全"的方针，并在多个领域取得了显著的进展与成就。首先，在网络技术层面，我国持续加强技术创新与突破，加速了互联网技术的快速发展。其次，在信息设施建设方面，我国加大了对基础设施建设的投资力度，提升了网络覆盖率和传输速度，为互联网的普及和应用提供了强有力的支撑。再次,在数字经济领域,我国积极发展电子商务、互联网金融等新兴业态,促进了经济结构的优化与升级。此外,在电子政务方面,我国大力推进政府信息化建设,提升了政府服务效率和透明度。最后,在网络文化领域,我国积极培育健康向上的网络文化氛围,丰富了人民群众的精神文化生活。总之,在互联网建设、应用与管理领域全面推进的过程中,我国在多个领域取得了显著的进展与成就,为我国互联网的繁荣发展奠定了坚实基础。

二、大力实施:从网络大国到网络强国

(一)努力把我国建设成为网络强国

2014年2月,习近平总书记在中央网络安全和信息化委员会第一次会议上明确指出,网络安全和信息化是事关国家安全和国家发展、事关广大人民群众工作生活的重大战略问题,要从国际国内大势出发,总体布局,统筹各方,创新发展,努力把我国建设成为网络强国。[1] 自党的十八大以来,以习近平同志为核心的党中央站在实现中华民族伟大复兴的中国梦战略全局高度,对互联网的发展和应用给予了高度重视。党中央作出了一系列重大决策,包括成立中央网络安全和信息化领导小组(后更名为中央网络安全和信息化委员会),以统筹协调各领域网络安全和信息化工作中的重大问题。在党中央的坚强领导下,我国网信事业取得了历史性成就,发生了历史性变革,成功开辟了一条具有中国特色的网络治理之路。

一方面,我国互联网和信息化工作取得了显著发展成就。截至2014年,我国在移动互联网、4G技术与产业、物联网等网信产业方面

---

[1] 习近平:《在中央网络安全和信息化领导小组第一次会议上的讲话》,《人民日报》2014年2月27日。

取得突破性进展：一是移动互联网已经成为最大的信息消费市场，我国网民人数6.32亿，手机网民人数5.27亿，域名总数1915万个，网站总数273万个，互联网普及率达到46.9%[1]，2013年全球移动业务收入达到1.6万亿美元，相当于全球GDP的2.28%；二是重构了互联网服务的模式与生态，我国全球应用程序下载次数累计超5000亿，视频、微博等主要互联网平台来自移动计算平台（Android/iOS）的流量超过50%，移动芯片实现新高度；三是建成全球最大规模的4G网络，4G用户达到5777万，位居世界第二。[2] 另一方面，当前我国在自主创新领域尚显滞后，区域与城乡发展差距显著，特别是人均带宽与国际领先水平存在较大差距，国内互联网发展的瓶颈问题依然严峻。首先，互联网的自主控制能力尚显不足。在信息技术领域，核心技术与关键设备大多仍由少数发达国家所掌握。我国没有自己的根域名服务器，而根域名服务器又负责互联网的顶级域名解析，这导致如果其他国家停止解析某个顶级域名，可能会导致我国互联网瘫痪，我国网络安全面临重大风险。其次，网络IP地址资源严重不足。截至2011年2月，全球IPv4地址已分配完毕，我国仅获得3.3亿个，占全球的7.67%，这不足以支持我国互联网的迅速增长。因此，我国互联网运营商采用了地址转换和动态分配方法来应对IP短缺，这降低了网络基础设施效率，增加了上网成本和网络安全管理难度。最后，我国人均带宽水平较低。根据Statista的数据，2013年一季度我国平均网速为1.7Mbps，全球排名第98。与网速最快的韩国（17.2Mbps）和第二的日本（11.7Mbps）相比，差距甚远，也低于全球平均网速（3.1Mbps）。

习近平总书记强调，网络安全和信息化至关重要，需认清形势任务，统一谋划、部署、推进、实施。需处理好安全与发展关系，协

---

[1] 中国互联网络信息中心：《第34次中国互联网络发展状况统计报告》。
[2] 数据来自工业和信息化部电信研究院：《移动互联网白皮书（2014年）》。

第二章
我国网信事业发展的历史实践

调一致、齐头并进，确保安全与发展相互促进，建设持久安全、长治久安的局面。中央网络安全和信息化委员会第一次会议上审议通过了《中央网络安全和信息化领导小组工作规则》《中央网络安全和信息化领导小组办公室工作细则》《中央网络安全和信息化领导小组2014年重点工作》，为建设网络强国指明了前进方向。第一，要加快关键核心技术攻关。习近平总书记在网络安全和信息化工作座谈会上开宗明义指出，核心技术"可以从三个方面把握。一是基础技术、通用技术。二是非对称技术、'杀手锏'技术。三是前沿技术、颠覆性技术"[1]。在众多高科技领域中，移动通信无疑是最具创新活力、最广泛渗透到各个角落，并且对其他行业带动作用最为显著的领域之一。它对材料科学、芯片制造、电子器件、测试仪表等多个相关领域产生了深远的影响和显著的推动作用。长期以来，我国在移动通信领域坚持走国际化的发展道路，通过对外开放来促进市场竞争，进而以市场竞争激发创新活力。我国从零开始，逐步发展壮大，不断攻克一系列关键核心技术，实现了从1G时代的空白，到2G时代的跟随，再到3G时代的突破，4G时代的并跑，最终在5G时代实现了领跑的重大跨越。如今，我国已经建成了全球规模最大、技术水平最先进的5G网络，这一成就标志着我国在移动通信领域取得了举世瞩目的巨大进步。第二，加强网络人才培养，充分发挥网络人才在建设网络强国中的核心作用。习近平总书记强调："建设网络强国，要把人才资源汇聚起来，建设一支政治强、业务精、作风好的强大队伍。'千军易得，一将难求'，要培养造就世界水平的科学家、网络科技领军人才、卓越工程师、高水平创新团队。"[2]深化教育改革，全面推进素质教育，创新教育教学方法，提升人才培

---

[1] 习近平:《敏锐抓住信息化发展历史机遇　自主创新推进网络强国建设》,《人民日报》2018年4月22日。

[2] 习近平:《在中央网络安全和信息化领导小组第一次会议上的讲话》,《人民日报》2014年2月27日。

养质量，致力于营造有利于创新人才茁壮成长的教育环境。第三，创新和改进网络宣传，精确掌握网络舆论引导的时机、尺度和效果。加强社会主义核心价值体系建设，积极培育和实践这些价值观，促进传统与新兴媒体在内容、渠道、平台、经营策略和管理机制上的深度融合。打造多样化、技术先进、竞争力强的新型主流媒体，构建有实力、传播力强、公信力高、影响力深远的媒体集团，形成立体、融合的现代传播体系，确保信息广泛和深入传播。第四，要加强和改进立法工作。党的十八届四中全会明确指出，应当"加强互联网领域立法，完善网络信息服务、网络安全保护、网络社会管理等方面的法律法规，依法规范网络行为"[1]。我国先后颁布《计算机信息网络国际联网安全保护管理办法》《计算机信息系统国际联网保密管理规定》《全国人大常委会关于维护互联网安全的决定》《中国互联网络域名管理办法》《通信网络安全防护管理办法》《全国人大常委会关于加强网络信息保护的决定草案》等互联网管理和信息安全保护方面的法律，依法治理网络空间，维护公民合法权益。

（二）共同构建网络空间命运共同体

随着全球网络空间信息化的深入发展和跨界融合，我国积极推动与世界各国共同构建网络空间命运共同体。第一，推动发展中国家网络空间信息化发展。中国企业在非洲地区信息化发展中扮演了至关重要的角色，例如，华为公司自1998年进入非洲以来，其战略规划即致力于将通信网络扩展至非洲国家的边远地区。第二，为经济全球化增添新动力。我国的物联网技术促进了世界各国经济合作，例如，2015年10月13日，39国驻华使节与阿里巴巴集团在杭州启动了"双11"全球狂欢节。该活动有4万余商家、3万余品牌参与，包括5000多个海外

---

[1] 《中共中央关于全面推进依法治国若干重大问题的决定》，《人民日报》2014年10月29日。

品牌，影响了全球200多个国家和地区的消费者。第三，推动中国与阿拉伯国家网络空间命运共同体建设。我国提出的"一带一路"倡议正积极促进"一带一路"沿线国家网络空间信息化的发展。比如，2015年9月在宁夏银川举行的中国—阿拉伯国家博览会网上丝绸之路论坛强调了"一带一路"倡议的核心是互联互通，这依赖于网络基础设施的建设。网上丝绸之路的建立目的是让互联网在"一带一路"中发挥核心作用，赋予丝绸之路新的时代意义，并推动中国与阿拉伯国家在网络空间形成利益和命运共同体。第四，积极推动全球互联网发展治理水平的提升。2015年8月，20个主要国家的专家在三轮磋商后就网络空间行为准则达成初步共识，并提交给联合国秘书长。这标志着网络空间全球治理取得积极进展。俄罗斯特别代表克鲁茨基赫认为，通过联合国制定具有法律约束力的国际公约是实现全球网络空间治理的理想途径。

在实践推动之下，网络空间命运共同体理念日益深入人心。2015年12月16日至18日，第二届"世界互联网大会——乌镇峰会"隆重召开，来自全球120余个国家（地区）和20余个国际组织的2000余名代表齐聚一堂，政府、企业、学术界、民间团体、技术社群以及国际组织的领导人和高级别代表均出席了盛会。习近平主席高瞻远瞩，提出了推进全球互联网治理体系变革、共同构建网络空间命运共同体的"四项原则"和"五点主张"，为全球互联网发展指明了方向，彰显了中国作为负责任大国的担当和引领作用。第一，加快全球网络基础设施的建设步伐，以促进各国之间的互联互通。这一举措将使更多的发展中国家及其人民能够享受到互联网所带来的发展机遇，从而缩小数字鸿沟，实现共同进步。第二，致力于打造网上文化交流和共享的平台，以促进不同国家和文化之间的交流与互鉴。通过这样的平台，世界各国的优秀文化得以传播和借鉴，进一步推动各国人民之间的情感交流和心灵沟通，增进相互理解和友谊。第三，积极推动网络经济的创新发展，以促进全球经济的共同繁荣，促进世界范围内的投资和贸易发展，推动全球数字经济的快速增长，为各国带来更多的发展机遇和经济增长点。第四，高度重视网络安全问题，以保障网络空间的有序发展。为此，我国积极推动制定各方普遍接受的网络空间国际规则，共同维护网络空间的和平与安全，确保网络空间的稳定和可持续发展。第五，构建一个公平正义的互联网治理体系。坚持多边参与、多方参与的原则，确保互联网治理更加平衡地反映大多数国家的意愿和利益，从而实现全球互联网的共同治理。在大会"互联互通 共享共治——构建网络空间命运共同体"的主题下，与会代表们围绕互联网的建设、发展和治理等问题进行了深入的讨论和交流。经过高级别专家咨询委员会的充分讨论，大会组委会最终提出了具有里程碑意义的《乌镇倡议》，这标志着网络强国战略在推动全球互联网发展和治理方面取得了新的重大成效。2024年11月20日，在世界互联网大会乌镇峰会开幕式上，习近平主席指出："中国愿同世界各国一道，把握信息革命发展的历史主动，携手构建网络空间命运共同体，让互联网更好造福人民、造福世界。"[1]

网络空间命运共同体的构想，揭示了未来世界的无限可能与广阔空间，为当代经济社会的转型与升级注入了强大的发展动力和创新活力。当前，中国正致力于全面建成社会主义现代化强国，并深入实施全面深化改革、全面依法治国、全面从严治党的战略布局。必须积极面对网络空间信息化带来的各种挑战与机遇，将网络强国战略与"两个一百年"奋斗目标紧密结合，共同推进。这一举措不仅为中国梦的各类可能未来铺设了互联交融的广阔舞台，更为我国在新一轮国际竞争与合作中抢占战略制高点，赢得未来发展的主动权提供了有力保障。

---

[1] 《习近平向2024年世界互联网大会乌镇峰会开幕视频致贺》，《人民日报》2024年11月21日。

三、持续深化：全面建设新时代网络强国

2017年10月，在党的十九大报告中，习近平总书记把社会主义现代化建设的目标区分为"到2035年基本实现社会主义现代化"和"到21世纪中叶建成富强民主文明和谐美丽的社会主义现代化强国"，并将制造强国、科技强国、质量强国、航天强国、网络强国、交通强国、海洋强国、贸易强国、文化强国、体育强国、教育强国、人才强国作为社会主义现代化强国的主要构成[①]，从而赋予了网络强国一个前所未有的地位，更加凸显了网络强国的战略要义。2022年10月，习近平总书记在党的二十大报告中多次提及数字中国与网络强国，在互联网建设管理运用、互联网和实体经济融合发展、信息基础设施建设、"数字中国"和"智慧城市"建设、网络内容和网络综合治理体系建设、网络教育、信息化作战、网络安全、信息化党建等方面作了部署。2023年，习近平总书记明确了新时期中国网信工作新的使命任务和"十个坚持"重要原则[②]，为新时期的网信工作指明了行动方向。同年，《习近平总书记关于网络强国的重要思想概论》在全国发行，为推动网信事业高质量发展奠定了坚实的理论基础。在习近平总书记关于网络强国的重要思想指引下，新时代十年的中国网络强国建设以打赢信息领域关键核心技术攻坚战为抓手，将赋能经济发展作为战略导向，将加强顶层设计和推动产业变革作为实现路径，持续深化国际交流合作，

---

① 参见习近平：《决胜全面建成小康社会 夺取新时代中国特色社会主义伟大胜利——在中国共产党第十九次全国代表大会上的报告》，《人民日报》2017年10月28日。

② 网信工作的使命任务：举旗帜聚民心、防风险保安全、强治理惠民生、增动能促发展、谋合作图共赢。"十个坚持"重要原则：坚持党管互联网，坚持网信为民，坚持走中国特色治网之道，坚持统筹发展和安全，坚持正能量是总要求、管得住是硬道理、用得好是真本事，坚持筑牢国家网络安全屏障，坚持发挥信息化驱动引领作用，坚持依法管网、依法办网、依法上网，坚持推动构建网络空间命运共同体，坚持建设忠诚干净担当的网信工作队伍。

在自上而下施策的同时，也在进行自下而上的补充。①

（一）打赢信息领域关键核心技术攻坚战

习近平总书记强调："网络信息技术是全球研发投入最集中、创新最活跃、应用最广泛、辐射带动作用最大的技术创新领域，是全球技术创新的竞争高地。"② 当前，新一轮科技革命和产业变革深入发展，科学技术和经济社会发展加速渗透融合，科技创新成为国际战略博弈的主要战场，围绕网络信息技术创新制高点的竞争日趋激烈。要把握科技创新规律特别是信息领域核心技术创新规律，完善科技创新体系，大力提升自主创新能力，尽快突破信息领域核心技术，实现高水平科技自立自强，充分发挥信息领域核心技术创新的引领作用，为国家发展提供战略支撑。经过多年努力，我国集成电路设计、人工智能、5G通信、大数据处理等一系列关键核心技术领域取得重要突破，一些重大创新成果竞相涌现，一些前沿方向开始进入并行、领跑阶段，为国家发展提供了强大的科技支撑。但是也要看到，我国科技领域仍然存在一些亟待解决的问题，关键核心技术受制于人的局面没有得到根本性改变，比如我们的原始创新能力还不强，创新体系整体效能还不高，科技投入产出效益较低，科技人才队伍结构有待优化，特别是高端芯片等关键元器件、光刻机等核心装备还依赖进口。习近平总书记强调，"要紧紧牵住核心技术自主创新这个'牛鼻子'，抓紧突破网络发展的前沿技术和具有国际竞争力的关键核心技术"③。为此，我国坚持问题导向，瞄准目标、分类施策。一是基础技术创新。基础技术、通用技术，如核心芯片、操作系统等，对产业发展具有重大影响，是支撑互联网

---

① 刘华军、张昊天：《新时代十年中国网络强国建设之路》，《山东财经大学学报》2023年第5期。
② 《习近平关于网络强国论述摘编》，中央文献出版社2021年版，第114页。
③ 《习近平关于网络强国论述摘编》，中央文献出版社2021年版，第114页。

基本运行和长久发展的根本保障，必须实现自主创新。为此，我国通过强化信息领域基础研究体系布局、培育信息领域基础研究良好生态、加大信息领域基础研究投入力度、注重信息领域基础研究人才培养、加强信息领域基础研究国际合作等举措夯实基础研究根基，持续攻坚克难。二是非对称技术、"杀手锏"技术。这类技术对互联网发展具有关键性影响，要精准梳理、找准突破口，组织科技力量进行集中攻关。三是前沿技术、颠覆性技术，如人工智能、量子通信、区块链、神经网络芯片等，这些技术在新的时间节点可能会颠覆传统产业，是关系长远发展的，需要从国家层面超前谋划布局，争取掌握未来技术竞争新赛场的规则制定权和主导权。

（二）大力发展中国数字经济

自党的十八大以来，中央及地方各级政府相继出台了一系列政策措施，旨在构建完善的政策支持体系，以有效推动数字经济的蓬勃发展。2017年，党的十九大明确提出要促进互联网、大数据、人工智能与实体经济的深度融合，致力于建设数字中国的宏伟目标。2018年，国家层面正式发布了《数字经济发展战略纲要》，此举标志着我国数字经济战略框架的正式确立。至2021年，国家"十四五"规划中将"打造数字经济新优势"设为重要篇章，进一步凸显了数字化发展的战略地位。同年，《"十四五"数字经济发展规划》亦随之出台，该规划明确了数字经济的发展目标，并为未来数字经济的发展提供了明确的指导和方向。我国重视数字技术推动传统产业转型，发布政策促进传统经济与数字经济融合，实现数字化转型。

据权威统计数据，自2012年至2021年，我国数字经济规模实现了显著增长，从11万亿元攀升至45.5万亿元。同时，数字经济在国内生产总值中的占比也有了显著提升，从21.6%增长至39.8%。[①] 这一系列

---

① 中国信息通信研究院：《中国数字经济发展研究报告（2023年）》，2023年4月27日。

数据充分表明，数字要素已成为推动我国经济增长的强大动力。除此之外，我国在数字社会建设方面也取得了显著的成效。根据相关数据，我国电子政务在线服务指数显著提升，截至2021年已经跃居至世界第9位，这一成绩甚至超过了众多发达国家。这一进步是我国政府大力推进电子政务建设，优化在线服务流程，提高服务效率的结果。如今，超过90%的省级行政许可事项已经实现了网上受理，这意味着广大群众可以在网上办理各种行政事务，真正实现了"最多跑一次"的便民服务目标。此外，电子支付方式的普及也为群众的生产生活带来了极大的便利。支付码等电子支付手段已经成为人们日常生活中不可或缺的一部分，无论是购物、缴费还是转账，都可以通过手机轻松完成。这种便捷的支付方式不仅提高了群众的生活质量，还有效提升了社会管理的效率，使得政府部门能够更加高效地进行资金管理和公共服务。在信息化的推动下，网络扶贫和乡村振兴也取得了显著成效。通过信息化手段，农村地区的互联网普及率得到了大幅提升，截至2021年已经达到57.6%。这一数字的背后，是无数农村居民通过互联网接触到了更广阔的世界，享受到了更多的信息资源和便利服务。与此同时，城乡地区互联网普及率的差异也在不断缩小，截至2021年已经缩小了11.9个百分点。这意味着城乡之间的数字鸿沟正在逐步弥合，农村地区在信息化建设方面取得了长足的进步，为乡村振兴战略的实施奠定了坚实的基础。居民网络素养与技能持续提升，互联网发展成果惠及14亿多中国人民，建成了全球规模最大、发展潜力巨大、创新活力绽放的数字社会。2022年，我国数字经济的总体规模达到50.2万亿元人民币，占国内生产总值的41.5%。在这一总体规模中，数字产业化部分的规模为9.2万亿元，而产业数字化部分则达到41万亿元。数字经济的全要素生产率从2012年的1.66增长至2022年的1.75，显示出其对国民经济的生产具有显著的支撑和拉动效应，同时能够激发市场活力，并为社会民生提供有力支撑。①党的二十届三中全会审议通过的《中共中央关于进一步全面深化改革、推进中国式现代化的决定》提出，"健全促进实体经济和数字经济深度融合制度""加快构建促进数字经济发展体制机制，完善促进数字产业化和产业数字化政策体系"②。数字化转型推动着我国经济从高速增长向高质量发展转变，并为产业数字化打下坚实基础。目前，随着数字经济蓬勃发展，我国已成为具有明显规模优势和领先产业布局的数字经济大国。

（三）深度参与全球互联网治理

当前，全球网络安全威胁愈发严峻，将网络安全合作纳入外交议程，促进中国与其他国家在网络安全领域的深度合作，已成为中国构建网络强国战略的关键支撑。自新时代以来，我国已在多个层面与各国开展网络安全合作，并取得了显著成果。例如，2016年6月，中英首次高级安全对话聚焦网络窃密、知识产权、网络安全治理和网络恐怖主义等议题，确认《联合国宪章》在网络安全领域的适用性，为双方合作打下基础。2018年8月至9月，中德双方举行了第二次网络安全磋商和高级别安全对话，决定加强网络安全合作。2019年，中欧进行了第十次信息技术、电信和信息化对话，讨论了信息和通讯技术（ICT）领域议题，促进了中欧关系的稳定发展。2019年3月26日，习近平主席访法期间与法国签署发布《中法关于共同维护多边主义、完善全球治理的联合声明》，重申以《联合国宪章》为代表的国际法在网络空间的适用性，同意继续利用对话机制加强网络安全合作。③2021年10月，

---

① 中国信息通信研究院：《中国数字经济发展研究报告（2023年）》，2023年4月27日。
② 习近平：《关于〈中共中央关于进一步全面深化改革、推进中国式现代化的决定〉的说明》，《人民日报》2024年7月22日。
③ 《中华人民共和国和法兰西共和国关于共同维护多边主义、完善全球治理的联合声明》，《人民日报》2019年3月26日。

中国和意大利举办了网络安全与数据保护研讨会，专家、学者和企业家深入交流了网络安全政策。在"一带一路"倡议下，中国与中东欧国家在网络信息基础设施和网络安全方面进行了广泛合作，缩小了数字鸿沟，丰富了中欧网络安全合作内容。

中国积极与世界各国保持紧密联系，就网络安全全球治理与合作进行深入交流，并在《联合国宪章》原则的适用性、国际法的适用性及携手推进网络安全国际合作等重要议题上达成了广泛共识。此举不仅增进了各国在网络安全治理理念上的相互理解和沟通，也为推动网络安全全球治理体系的变革增添了新的活力。面对全球互联网发展与治理的大趋势，中国展现出了致力于世界和平发展、人类文明进步的宏大视野与博大胸怀。习近平总书记指出："当今世界，互联网发展对国家主权、安全、发展利益提出了新的挑战，必须认真应对。"[1]当今世界正处于百年未有之大变局，局部冲突频仍。地区性冲突进一步引发了全球范围内的网络对抗升级，导致全球网络空间的安全形势愈发严峻且复杂。对此，习近平总书记提出尊重网络主权的倡议，提出："不搞网络霸权，不干涉他国内政，不从事、纵容或支持危害他国国家安全的网络活动。"[2]习近平总书记以全球视野谋划和推动网络信息化发展，以网络向善理念增进人类福祉，表明其在全球国际网络空间治理实践中具有世界精神和人类意识。他强调，网络空间，不应成为各国角力的战场。我国愿同世界各国共同构建和平、安全、开放、合作的网络空间，建立多边、民主、透明的国际互联网治理体系。这不仅符合我国的国家利益，也符合世界各国的共同利益。只有通过合作，才能实现网络空间的可持续发展，让互联网更好地造福人类。

---

[1] 习近平：《弘扬传统友好　共谱合作新篇——在巴西国会的演讲》，人民出版社2014年版，第9页。

[2] 《习近平关于网络强国论述摘编》，中央文献出版社2021年版，第153页。

第三章

筑牢国家网络安全屏障

没有网络安全就没有国家安全，当前我国网络安全面临诸多挑战。因此，要站在贯彻落实总体国家安全观的高度，树立正确的网络安全观，同时要加强网络安全能力建设。

一、我国网络安全面临的挑战

"互联网领域发展不平衡、规则不健全、秩序不合理等问题日益凸显"[①]。一些国家将网络空间作为谋求军事优势的新战场，推行威慑进攻理念，将军事同盟引入网络空间，推动制定网络交战规则，推升国家间网络摩擦和冲突风险，威胁国际和平与安全。关键信息基础设施面临较大风险隐患。网络攻击和网络犯罪大幅增长，网络恐怖主义成为全球公害。网络虚假信息泛滥，大规模用户数据被泄露和滥用。全球互联网基础资源分配和管理体系不公平、不合理。国家和地区间发展不平衡凸显，数字鸿沟不断拉大。个别国家将技术和网络安全问题政治化，肆意打压别国信息技术企业，为全球信息通信供应链和产品贸易设置不公平、不公正障碍，危害全球发展与合作。网络空间的突出问题也给中国带来了诸多风险挑战。

（一）关键信息基础设施受制于人，产业链供应链自主可控存在风险

20世纪90年代中国互联网的发展，吸引了美国众多知名企业来华开展硬件、软件投资，具有"八大金刚"之称的思科、IBM、谷歌、高通、英特尔、苹果、甲骨文、微软等一度占据中国网络设备、操作系统、数据平台、个人终端、搜索引擎等产品和服务市场的主要份额。

---

① 《习近平在第二届世界互联网大会开幕式上的讲话（全文）》，新华网，2015年12月16日。

我们前些年面临着"关键的技术买不来，引进的技术靠不住，跟踪仿制没有出路"的尴尬境地。互联网核心技术是我们最大的"命门"，核心技术受制于人是我们最大的隐患。

习近平总书记指出："一个互联网企业即便规模再大、市值再高，如果核心元器件严重依赖外国，供应链的'命门'掌握在别人手里，那就好比在别人的墙基上砌房子，再大再漂亮也可能经不起风雨，甚至会不堪一击。我们要掌握我国互联网发展主动权，保障互联网安全、国家安全，就必须突破核心技术这个难题，争取在某些领域、某些方面实现'弯道超车'。"[1] 近几年，中国始终坚持创新在现代化建设全局中的核心地位，把科技自立自强作为国家发展的战略支撑，经过多年的自主发展，我国在网络信息技术方面已取得了一些骄人的成绩，实现了部分领域的自主可控。但随着全球供应链危机不断发生，西方发达国家加紧管控收缩供应链，将供应链安全作为贸易壁垒并利用优势地位对竞争国家实施"断供"[2]，我国在产业链供应链安全稳定、自主可控方面存在着一定的风险。

（二）网络渗透侵蚀我国意识形态安全，存在破坏社会政治稳定的威胁

互联网蓬勃发展之时，美国就积极倡导"网络自由"，妄图让信息自由流通，以此输出其价值观，推广其政治模式。对于日益壮大的中国网民，西方一些国家更是加强网上渗透策反。

不仅如此，外部分裂势力还通过网络进行反政府、反社会活动，散布破坏中国社会稳定的言行，进行煽动民族分裂和恐怖主义的网络活动，试图造成我国国内暴恐袭击和分裂破坏，引发民众恐慌，从而

---

[1] 习近平：《在网络安全和信息化工作座谈会上的讲话》，人民出版社2016年版，第10页。
[2] 桂畅旎：《对特朗普政府在信息通信领域供应链安全政策的初步分析》，《中国信息安全》2019年第6期。

达到破坏我国政治社会稳定、颠覆政权的目的。西方国家利用网络平台散播谣言、制造恐慌，为恐怖主义、分裂主义、极端主义"三股势力"提供资金支持和舆论造势。境外势力甚至以网络自由为借口，通过互联网对我国分裂势力进行资助和支持，其与海外"藏独"组织勾结，资助其成立一个专业网络渗透组织——"哲瓦在线"。在这个网站上，分裂分子制造政治谣言，对藏区网民进行煽动蛊惑和渗透策反；他们还给分裂分子提供相关培训，让他们搜集中国情报，进行破坏活动。[①]境外势力还与境内法轮功势力内外勾结，研究破网技术，突破我国网络，造谣中伤诋毁我国意识形态。

（三）数据泄露、网络诈骗、勒索病毒等网络安全威胁日益凸显

随着大数据、人工智能时代的到来，"互联网+"战略也进入了快车道，但各种违法犯罪，也充斥于网络空间。人类得益于互联网方便快捷的同时，网络犯罪活动也处于上升的活跃期。2021年7月20日，国家计算机网络应急技术处理协调中心（CNCERT/CC）发布的《2020年中国互联网网络安全报告》指出，安全漏洞、数据泄露、网络诈骗、勒索病毒等网络安全威胁日益凸显，有组织、有目的的网络攻击形势愈加明显，为网络安全防护工作带来更多挑战。[②]网络勒索成为近几年来的新型网络犯罪活动。2017年5月12日，一款名为"想哭"（"WannaCry"，也称WannaCrpt、WannaCrpt0r、Wcrypt、WCRY）的勒索软件在全球范围内爆发，影响已经遍及近百个国家，包括英国医疗系统、快递公司FedEx、俄罗斯电信公司Megafon都成为受害者，中国校园网和多家能源企业、政府机构也中招，被勒索支付高额赎金才能解密恢复文件，对重要数据造成严重损失，全球至少有10万台机器

---

① 杜雁芸、刘杨钺：《科学技术与国家安全》，社会科学文献出版社2016年版，第145页。
② 国家计算机网络应急技术处理协调中心：《2020年中国互联网网络安全报告》。

被感染，情况十分严峻。据360安全中心分析，互联网勒索病毒是由美国国家安全局（NSA）泄露的"永恒之蓝"黑客武器传播的，"永恒之蓝"可远程攻击Windows的445端口（文件共享），受害机器的磁盘文件会被篡改为相应的后缀，图片、文档、视频、压缩包等各类资料都无法正常打开，只有支付赎金才能解密恢复。这两类勒索病毒，勒索金额分别是5个比特币和300美元，折合人民币分别为5万多元和2000多元。这起攻击事件的影响范围之广、波及程度之深、持续时间之久，令全球震惊，世人不禁感叹"网络武器的'潘多拉魔盒'已经开启"。

同时，国家和地区间的"数字鸿沟"不断拉大，关键信息基础设施存在较大风险隐患，网络恐怖主义成为全球公害，网络犯罪呈蔓延之势，网络空间依然存在发展不平衡、规则不健全、秩序不合理等现实。中国域名系统依然是影响安全的薄弱环节，针对中国的国家级有组织网络攻击行为显著增多，给中国国家关键基础设施和重要信息系统带来严重威胁和挑战。

（四）主权范围内的数据管控难度增大，数据主权面临巨大挑战[①]

大数据发展超越了原先以国土疆界为划分的安全概念，数据主权逐步引起各国重视。与此同时，一国不能有效管控其主权范围内的数据及本国居民跨境流动数据，中国数据主权面临巨大挑战。首先，国家间数据主权的博弈争夺日益激烈。2000年12月，美国商业部跟欧盟签署了《安全港协议》（Safe Harbor），该协议规定美国公司从其欧盟附属公司传输数据时受到特定限制。《安全港协议》要求：收集个人数据的企业必须通知个人其数据被收集，并告知他们将对数据所进行的处

[①] 杜雁芸：《大数据时代国家数据主权问题研究》，《国际观察》2016年第3期。

理,企业必须得到允许才能把信息传递给第三方,必须允许个人访问被收集的数据,并保证数据的真实性和安全性以及采取措施保证这些条款得到遵从。"9·11"事件之后,为了防止恐怖主义,时任美国总统乔治·沃克·布什签署了《爱国者法案》(USA PATRIOT Act)。该法案增强了美国联邦政府搜集和分析全球民众私人数据信息的权力,间接扩张了美国警察机关的权限,警察机关可以搜索电话、电子邮件通信、医疗、财务和其他种类的记录等。美国情报机构还可以直接进入微软、雅虎、谷歌等互联网公司的服务器和数据库获取欧洲数据中心的数据。虽然《爱国者法案》和之前签署的《安全港协议》有较大的分歧和矛盾,但美国认为《安全港协议》不及《爱国者法案》的法律效力,因此美国并未受《安全港协议》束缚,仍然随意地调取9家互联网公司的数据信息。[①] 针对美国的行径,2012年欧盟委员会提出改革数据保护法规,试图对所有在欧盟境内的云服务提供者和社交网络产生直接影响。

其次,数据霸权加剧大国对我国数据主权的侵犯。在信息化、数字化和全球化发展的大背景下,数据强国对其他国家形成权力不平等,并积极推行数据垄断和数据霸权。"数据主权"的提出是各国对大国滥用权力的有效限制及维护自身国家主权的现实要求。美国不仅占据数据强国地位,而且利用自身优势力推数据霸权政策。早在布什政府时期美国就通过监听电话获得个人数据,奥巴马政府通过网络和卫星等技术优势攫取境内外数据,严重侵犯他国数据主权和安全。美国在"9·11"事件之后出台了《爱国者法案》,美国不仅通过国内立法实现其对域外数据的控制权,还借助国家安全部门收集并分析他国所管辖的数据。"棱镜门"事件是美国安全部门窃取他国数据信息的强有力证据。斯诺登曾向媒体爆料,美国政府通过棱镜项目直接从微软、谷

[①] Carol M.Celestine,"Cloudy'Skies, Bright Futures?In Defense of a Private Regulatory Scheme for Policing Cloud Computing", *University of Illinois Journal of Law, Technology and Policy*, Vol.13, 2013.

歌、雅虎等9家公司服务器收集信息，窃取了包括苹果手机在内的所有主流智能手机的用户数据，包括电子邮件、通讯信息、网络搜索等。[①]同时，美国利用间谍软件和加密技术进行监控也屡见不鲜。《纽约时报》在2014年曾披露，全球10万台计算机都在美国监控范围内，美国国家安全局是通过间谍软件"量子"进行监控实施。[②]美国还牢牢掌控着"云"端的数据信息。当前，全球实力最强的云处理服务都是由美国互联网公司，如谷歌、微软、亚马逊和脸书等提供的。按照《爱国者法案》的规定，不管是不是美国公民，只要在美国互联网公司提供的"云"中存储数据，那么美国政府就有权对该数据进行搜集和处理。

最后，数据处理的特征弱化数据主权的维护。国家在数据主权管控与数据跨界流动之间存在矛盾取舍。数据的适度开放和跨境流动有助于各国间的友好交流和经济互动，这也是各国积极倡导大数据战略的重要原因。而大数据的独立开放性逐步侵蚀国家主权的有形和无形疆界，使主权国家的地理边疆在数据流动中日渐虚化。随着云技术的推广，数据流动在技术层面得到空前扩展，数据流动速度远远超出了主权国家数据管控技术和制度的更新速度。怎样管控数据跨境流动，既不损害国家主权又不妨碍国际合作，是摆在我国面前的两难问题。

二、树立正确的网络安全观

党的十八大以来，以习近平同志为核心的党中央高度重视网络安全工作，多次强调要树立正确的网络安全观，提出"没有网络安全就没有国家安全"[③]，深刻回答了筑牢国家网络安全屏障、建设网络强国的

[①] 杜雁芸：《美国网络霸权实现的路径分析》，《太平洋学报》2016年第2期。
[②] David E. Sanger and Thom Shanker, "N.S.A. Devises Radio Pathway into Computers", *The New York Times*, January 14, 2014.
[③] 《习近平关于网络强国论述摘编》，中央文献出版社2021年版，第97页。

一系列重大问题，为切实维护网络安全乃至国家安全、保护人民群众切身利益提供了根本遵循和行动指南。

（一）网络安全是整体的而不是割裂的

习近平总书记提出："在信息时代，网络安全对国家安全牵一发而动全身，同许多其他方面的安全都有着密切关系。"①

1. 网络信息技术已辐射到社会各领域

习近平总书记在网络安全和信息化工作座谈会上指出："从社会发展史看，人类经历了农业革命、工业革命，正在经历信息革命。"②信息革命的特点是以信息技术为主的一系列技术密集型工业压倒了传统的劳动密集型工业和资本密集型工业，并以新技术、新工艺和新产品打入国内、国际市场，使社会经济结构产生了新的变化。在信息社会中，信息资源加速流动也深刻改变了人们的生活方式、交往方式和思维方式，信息与知识成为比物质和能源更为重要的社会财富和生产力因素，信息技术的开发与使用增强了人的脑力，智能化生产工具的使用提高了生产效率。进入新时代，"互联网＋"成为新常态。"'互联网＋'是把互联网的创新成果与经济社会各领域深度融合，推动技术进步、效率提升和组织变革，提升实体经济创新力和生产力，形成更广泛的以互联网为基础设施和创新要素的经济社会发展新形态。在全球新一轮科技革命和产业变革中，互联网与各领域的融合发展具有广阔前景和无限潜力，已成为不可阻挡的时代潮流，正对各国经济社会发展产生着战略性和全局性的影响。"③

2. 网络安全关系着国家治理方方面面的安全

当前，人工智能、大数据、物联网等信息技术的发明与应用已经

---

① 《习近平关于网络强国论述摘编》，中央文献出版社2021年版，第91页。
② 习近平：《在网络安全和信息化工作座谈会上的讲话》，人民出版社2016年版，第2页。
③ 国务院：《国务院关于积极推进"互联网＋"行动的指导意见》，《经济日报》2015年7月5日。

深深嵌入政治、经济、文化、生态、军事等社会生产生活的各领域，成为社会发展的新质生产力，推动社会生产生活全领域的深刻变革。同时新兴技术和互联网的发展也引发大范围的网络安全问题，不仅会对计算机软硬件设施和储备信息造成损害，还会影响网络金融、网络娱乐、网络政务、网络交易等的正常运转。网络问题社会化、社会问题网络化成为互联网社会的大趋势，网络安全已经成为我国面临的最复杂、最现实、最严峻的非传统安全问题之一。网络安全在国家整体安全中处于极其重要的地位，具有极其重要的作用，没有网络安全就没有国家安全，就没有经济社会稳定运行，广大人民群众利益也难以得到保障，维护网络安全要从国内国际大局出发，总体布局，统筹协调各方面利益，坚持新发展理念，用创新发展维护国家安全。

3. 网络安全与各种安全高度相关

首先，网络安全关涉执政安全。习近平总书记在全国网络安全和信息化工作会议上强调，我们"过不了互联网这一关，就过不了长期执政这一关"[①]。可以说，网络安全直接影响着党的执政安全。习近平总书记非常重视网上舆论工作，认为网上舆论工作关乎旗帜和道路，领导拥有14亿多人的社会主义大国，中国共产党既要政治过硬，也要本领高强。要坚持党对舆论工作的领导，坚持党性和人民性的统一，结合实际情况创新工作方式方法，来提高新闻舆论的传播力、引导力、影响力、公信力。同时要加强学习型政党的建设，增强本领意识，要求党政领导干部树立互联网思维，学网、懂网、用网，利用互联网走群众路线，了解群众所思所想，引导社会舆论方向。

其次，网络安全关涉国家意识形态安全。长期以来，一些国家蓄意将西方意识形态通过网络向全世界广泛传播，意识形态斗争的媒介载体和方式方法不断升级。随着经济社会发展、网络便捷性和高效性的提升，

---

① 《习近平著作选读》第2卷，人民出版社2023年版，第147页。

互联网已经成为民众进行沟通交流的主要平台，也成为思想文化的集散地和意识形态斗争的主战场，简言之，谁掌控了网络，谁就掌控了网络意识形态斗争的制高点。因此，维护网络安全，直接关系到意识形态安全。巩固和发展社会主义意识形态，营造积极向上的主流舆论环境，必须使互联网成为社会主义意识形态传播的重要平台和媒介载体。

最后，网络安全关涉国防安全。当今世界，国家之间大规模有组织的网络攻击行为非常普遍，影响也非常深远，严重威胁国防安全。2022年6月22日，西北工业大学发布《公开声明》称，该校遭受境外网络攻击。后经查证，这是美国国家安全局特定入侵行动办公室（TAO）在对西北工业大学发起网络攻击的过程中构建了对中国电信运营商核心数据网络远程访问的"合法"通道，对我国电信基础设施渗透控制。其网络攻击的目的是渗透控制中国基础设施核心设备，窃取中国用户隐私数据。[①] 类似的例子不胜枚举，事实上，以窃取国家机密、窃听重要国家信息、攻击国家领导人为主要内容的网络攻击，将造成对整个国家的颠覆性的影响。当前，网络战已经成为信息时代日益重要的一种作战形式，它可以兵不血刃地直捣对方军事设施、控制中心等军用系统，造成难以预料的损失。可见，当前网络安全问题已经不局限于技术漏洞问题，还与社会政治、经济、文化、国防等各方面有着密切的联系。

（二）网络安全是动态的而不是静态的

习近平总书记提出："信息技术变化越来越快，过去分散独立的网络变得高度关联、相互依赖，网络安全的威胁来源和攻击手段不断变化，那种依靠装几个安全设备和安全软件就想永保安全的想法已不合时宜，需要树立动态、综合的防护理念。"[②]

[①]《西工大遭网络攻击事件凸显美国网络霸权行径》，光明网，2022年9月29日。
[②]《习近平关于网络强国论述摘编》，中央文献出版社2021年版，第91页。

1. 网络技术加速发展使通信网络越来越高度关联、密不可分

信息技术的开发和应用使社会各行业诸如金融业、教育业、医学、农业等都逐渐步入信息化融合发展阶段，智能化、网络化、数字化社会逐渐形成，整个社会逐渐成为一个互联互通的网状结构，每个行业就如同网上的一个焦点，互相牵涉和影响，你中有我，我中有你。随着信息技术的发展，这种关联性和整体性将越来越明显。

2. 网络技术加速发展使网络安全的攻击手段和威胁来源不断呈现新的样式

究其原因，可以从两方面进行分析，一方面，网络安全影响因素特别复杂。既包括自然灾害类非人为因素的制约，又包括因互联网本身技术的脆弱性而导致的安全漏洞，还包括不法分子利用网络漏洞恶意潜入计算机盗窃信息，破坏软硬件设施。同时，自然因素、技术因素和人为因素造成的网络安全问题在时间、地点、影响范围和影响程度上都具有差异性，使得解决网络安全问题变得格外复杂。

另一方面，网络攻击手段和方式多种多样。网络技术的发展使得网络攻击技术和攻击工具出现了新的发展趋势。网络攻击者利用先进的技术武装攻击工具，使攻击工具更具有隐蔽性和繁殖性，如蠕虫病毒、钓鱼邮件可直接绕开 Windows 或苹果计算机中的新型安全防御体系，悄无声息地侵入被攻击者的系统。这类恶意邮件或病毒具有与普通邮件或软件的高度相似性，不易被识别而且可以自我繁殖。例如，超级工厂病毒是世界上首个专门针对工业控制系统编写的破坏性病毒，能够利用 windows 系统和西门子 SIMATIC WinCC 系统的 7 个漏洞进行攻击，特别是能够针对西门子公司的 SIMATIC WinCC 监控与数据采集系统进行攻击，而该系统在我国的多个重要行业应用广泛，被用来进行钢铁、电力、能源、化工等重要行业的人机交互与监控。习近平总书记认为，"网络安全的本质在对抗，对抗的本质在攻防两端能力较

量"，①网络攻击技术和手段的进步更加需要能与之相抗衡的网络安全技术的创新，达到以技术对技术，以技术管技术。

3. 网络技术加速发展需要树立动态防护理念

辩证唯物主义认为，世界是普遍联系和永恒发展的，运动是事物固有的属性和存在方式，从简单的位置移动到复杂的思维运动，都处于不断地运动变化之中。网络安全的博弈是魔高一尺道高一丈，不可能一劳永逸。在网络安全领域，系统漏洞是动态的，信息化基础设施和重要信息系统在不断改进、不断升级、不断扩容，使网络系统漏洞和脆弱性增多；产品漏洞是动态的，这些新技术新应用需要大量进口软硬件产品以及国产化软硬件产品，这些产品中的脆弱性、安全漏洞和产品供应链带来的安全隐患仍然不可忽视；管理漏洞是动态的，这些变更的新系统、新产品在管理运维上同样可能出现安全漏洞，新的安全制度、管理规定尚未重新制定，甚至出现复杂系统资产底数不清，给网络安全管理带来潜在隐患；威胁手段是动态的，从近年来发生的安全事件看，很多网络攻击长期潜伏，只靠传统安全措施来保障新时期网络高度发展变化的系统，显然是不可能的。这些都要求我们树立动态的防护理念，及时监测态势变化，始终将维护网络安全作为常态化的工作。

（三）网络安全是开放的而不是封闭的

习近平总书记提出："只有立足开放环境，加强对外交流、合作、互动、博弈，吸收先进技术，网络安全水平才会不断提高。"②

1. 现实世界的开放性要求网络的开放性

习近平主席在2018年博鳌亚洲论坛年会开幕式上的主旨演讲中指出："综合研判世界发展大势，经济全球化是不可逆转的时代潮流。正是基于这样的判断，我在中共十九大报告中强调，中国坚持对外开放

---

① 《习近平关于网络强国论述摘编》，中央文献出版社2021年版，第94页。
② 《十八大以来重要文献选编》（下），中央文献出版社2018年版，第310页。

的基本国策，坚持打开国门搞建设。我要明确告诉大家，中国开放的大门不会关闭，只会越开越大！"① 当前网络空间已经成为人们进行信息传递、社会交往和生产生活的第二大空间，现实世界的开放性必然要求网络空间的开放性。同时，由于互联网技术在现实社会中的深入渗透，使得现实空间得以在网络空间进行延伸与发展，互联网的全球性与系统性是对现实开放性的直接反映。

2. 网络安全需要开放合作的网络空间

习近平主席在2018年首届中国国际进口博览会开幕式上讲道："回顾历史，开放合作是增强国际经贸活力的重要动力。立足当今，开放合作是推动世界经济稳定复苏的现实要求。放眼未来，开放合作是促进人类社会不断进步的时代要求。"② 同样，互联网的开放发展为人才、技术、文化、信息等方面的交流合作搭建了广阔的平台，加强网络领域的国际交流与合作，才能真正了解国际互联网领域发展的前沿和动态，才能更好地维护网络安全。互联互通是互联网的根本属性和强大生命力所在，当前互联网的发展使人类社会成为互联互通的地球村，国家、行业与个人共同构成了紧密联系的全球网络。封闭的网络环境是不存在的，这也意味着网络安全是开放的而不是封闭的。一方面，网络安全是全球性的挑战，具有无国界性，一个国家的网络安全事件极有可能形成全球性威胁。例如，目前整个世界都面临网络恐怖主义、网络犯罪、网络攻击的威胁和挑战，没有哪一个国家能够独善其身、置身事外。另一方面，网络安全需要立足开放环境，加强交流合作才能实现。网络安全的全球性要求世界各国都需要以开放的姿态，加强在技术创新、人才培养、产品服务等方面的交流与合作，互通有无，取长补短才能实现长治久安。那种"各人自扫门前雪，休管他人瓦上霜"的态度只会在竞争中褪去优势、四处碰壁，只有坚持携手合

---

① 《习近平著作选读》第2卷，人民出版社2023年版，第143页。
② 《习近平著作选读》第2卷，人民出版社2023年版，第212—213页。

作才能避免陷入"囚徒困境",实现共赢、多赢。

3. 网络空间是博弈与竞争的空间

网络空间既是国际合作交流的重要平台,也是充斥着各种矛盾与风险的没有硝烟的战场。以竞争求合作,以竞争保安全已经成为国际社会公认的准则。为此,只有在合作中强化对外博弈,才能维护自身利益,实现自身发展。

首先,必须拥有网络核心技术。自古以来,核心技术就是国之利器,是凸显国际竞争力的关键。维护国家网络安全,必须拥有自己的网络安全核心技术,而要拥有核心技术就必须开展网络技术创新,不断研发拥有自主知识产权的互联网产品,以此提高自主保障能力,不受制于其他国家。

其次,必须强化网络主权理念。网络空间主权是一个国家继海、陆、空、天之外的第五大主权空间,它直接关系一个国家的整体安全状态,是一个国家利益的根本体现和可靠保证。一个拥有网络主权的国家具有对本国互联网事业的管辖权,可根据本国意愿独立自主发展互联网事业而不受他国管制的独立权,对外来攻击进行积极防御的防御权和可与他国在网络上进行平等交流的平等权。《联合国宪章》明确规定"各会员国主权平等"。2017年3月,我国发布的《网络空间国际合作战略》指出:"《联合国宪章》确立的主权平等原则是当代国际关系的基本准则,覆盖国与国交往各个领域,其原则和精神也应该适用于网络空间。"[①] 强化网络主权理念,是我国面对国际网络主权威胁,提升国际竞争力争取国际话语权的必然选择。

最后,必须强化话语权博弈。2013年,习近平总书记在十八届中央政治局第十二次集体学习时讲道:"要精心构建对外话语体系,发挥好新兴媒体作用,增强对外话语的创造力、感召力、公信力,讲好中

---

① 中华人民共和国外交部:《网络空间国际合作战略》,中华人民共和国外交部网站,2017年3月1日。

国故事，传播好中国声音，阐释好中国特色。"①通俗地讲，话语权是指说话权，即控制舆论的权力，当前国际话语权已经成为国家软实力的重要组成部分，成为国家综合国力和国际竞争力的重要体现。现代意义上的话语权主要是指意识形态的话语权。信息时代，利用互联网进行意识形态斗争已经成为国际社会的常态，因此，强化媒体对网上舆论的引导，以社会主义核心价值观引领网络文化发展成为我国进行话语权博弈的重点。

（四）网络安全是相对的而不是绝对的

习近平总书记提出："没有绝对安全，要立足基本国情保安全，避免不计成本追求绝对安全，那样不仅会背上沉重负担，甚至可能顾此失彼。"②

1. 网络安全追求的是一种相对安全

社会生产力的提高、科学技术的进步以及全球化和信息化的发展，使人类社会面临的安全风险比任何时候都更为复杂、严峻。这些风险是客观存在、不可否定的，虽然一些风险可以被感知，但有些潜在风险却是不可预知的。网络社会就是一个风险社会，网络安全也是确定性与不确定性并存的客观存在，绝对完全的网络安全是不存在的，如果以不计成本来追求绝对安全只会顾此失彼。同时，网络安全的相对性决定了网络安全的可控性。要实现网络安全可管可控，需要实事求是，立足我国社会经济发展的实际情况，树立创新发展理念，正确处理安全与发展的辩证关系，在发展中保安全，在安全中求发展，就可以将安全风险控制在可接受范围之内，保障国家安全，实现社会发展。

2. 正确处理信息化建设和网络安全的关系

网络安全和信息化是一体之双翼，驱动之双轮，需要平衡驾驭。

---

① 《习近平谈治国理政》，外文出版社2014年版，第162页。
② 《习近平关于网络强国论述摘编》，中央文献出版社2021年版，第92页。

网络空间随信息化发展进步而延展放大，网络空间随网络安全对抗博弈而健康完善，网络安全在整个信息化建设中就如同一个庞大的免疫系统，免疫系统越完善，信息化建设就会越健康、越安全稳定；免疫系统越薄弱，抵抗不住病毒侵害和网络攻击，信息化建设就会越脆弱，甚至会瘫痪停止。我们要引入"问题导向"理念、"风险管理"理念，对高风险、高威胁采取有效防护措施，对低风险、低威胁采取安全监视的策略，千万不要把大量资金用到不需要加固的地方，用创新技术解决突出的、高风险的安全问题，不要总是采用"千人一面"的安全解决方案。

（五）网络安全是共同的而不是孤立的

习近平总书记提出："网络安全为人民，网络安全靠人民，维护网络安全是全社会共同责任，需要政府、企业、社会组织、广大网民共同参与，共筑网络安全防线。"[1]

1. 网络安全问题是世界性问题

随着世界多极化、经济全球化、文化多样化、社会信息化的深入推进，整个世界已经成为一个你中有我、我中有你的地球村。全球化的推进在带给人类异常丰富的信息、文化、经济等资源和财富的同时，也使得人类面临着网络安全、气候变化、恐怖主义等全球性挑战。其中，网络安全又与其他安全问题相互交织，影响世界和平与稳定。网络安全作为一个世界性的难题，需要国际社会携手合作，共同应对。

2. 网络空间是公共领域

互联网作为公共领域，为社会公众提供了各自需要的网络空间和网络资源，不同的社会主体、不同年龄结构和不同国别的人群都可以平等共享互联网空间。互联网的公共性决定了网络安全的共同性，维

---

[1] 《习近平关于网络强国论述摘编》，中央文献出版社2021年版，第92页。

护网络安全是整个社会共同的责任和义务。网络空间是虚拟的，但运用网络空间的主体是现实的，每个政府单位、每家网络企业、每名网民在网络空间都应共同遵守法律，坚持依法治网、依法办网、依法上网，让互联网在法治轨道上健康安全运行。网络安全是现实世界安全问题在网络空间上的客观反映，因此，该打击的要严厉打击；该引导的要说明真相，正面引导；该传播的要积极传播；该弘扬的要让网民处处点赞；该批判的要让网民自觉抵制。网络安全需要国家各部门、IT企业、网络安全组织团体和个人共同增强网络安全意识，发挥各自作用。政府在协调国家关键基础设施保护和关乎国家安全工作中发挥主导作用，企业在网络安全技术、产品、建设、运维等方面发挥主体作用，社会组织机构在促进产业发展、产业化协调中发挥主要作用，个人在掌握网络安全技能提升能力上发挥主动作用。共同在网络安全人才培养方面发挥各自优势作用，共筑网络安全长城。

3. 网络安全是全球性问题

随着信息化在全球范围内的发展，互联网已经成为国际社会共同拥有的财富和重要资源，为世界各国的经济社会发展提供动力，为世界性的经济、文化等各方面交往提供重要支点。同时网络安全问题也是世界性问题，是全球性的挑战，因此，维护网络安全是世界各国共同的责任和义务，需要各国摒弃争议，加强合作，共同遏制技术滥用、网络犯罪、网络监听等安全问题，共同保障国家主权、安全和发展利益不受损害，共同构建网络空间命运共同体。

三、加强网络安全能力建设

在全国网络安全和信息化工作会议上，习近平总书记指出，"没有网络安全就没有国家安全"。[①] 中国提高网络实力，可以通过加强网络防

---

① 《习近平著作选读》第2卷，人民出版社2023年版，第147页。

御能力、提升网络威慑反击水平和提升自主研发能力来实现。

（一）加强网络防御能力，筑牢网络安全防线

网络防御能力是维护国家网络安全的基础，是国家网络安全行动的重要组成部分。网络空间防御行动范围包括陆海空天电，涉及物理域、信息域、社会域、认知域，防御对象覆盖国家关键基础设施、国防和军事信息系统等。与此同时，由于网络攻击的隐蔽性和突发性，网络防御始终处于不确定的状态。

一是构建网络空间纵深防御体系。按照防御目标的种类和多种防御手段，建立分层分级的纵深防御体系，不仅要通过访问控制和身份验证的方法防护网络资源的安全，而且要通过专用安全网络结构筑牢国家网络空间安全屏障，不断降低网络空间遭受入侵的威胁。另外，还应建立军民共享的防御应急响应机制，推动军民两用网络空间防御技术发展，优化军民防御应急响应力量的选点布局，筑牢网络空间安全的数字屏障。

二是加强对国家关键基础设施的防护。习近平总书记强调，网络信息技术是全球研发投入最集中、创新最活跃、应用最广泛、辐射带动作用最大的技术创新领域，是全球技术创新的竞争高地。我们要顺应这一趋势，大力发展核心技术，加强关键信息基础设施安全保障，完善网络治理体系。随着网络技术的更迭发展和网络安全态势的变化，中国积极强化对网络关键基础设施的保障，特别是对军事领域、国防工业相关基础设施的防护。首先，加强关键信息基础设施供应链安全评估检测。当前我国在关键信息基础设施安全、ICT供应链安全和5G技术安全层面已具备相对体系化的标准研究，但有些供应链安全仍然薄弱，对于一些突发事件，存在着评估不足、预警失效的风险。因此，按照"十四五"规划要求，建立重要资源和产品全球供应链风险预警系统是我国加强关键信息基础设施安全保障的关键。其次，强化军事

领域、国防科工相关部门的基础设施防护。降低军事领域、国防工业相关部门信息基础设施的脆弱性，强化其面对网络攻击时的协调行动，以此开展更为有效的防护补救行动。最后，我们应强化重点目标的管理制度和网络等级手段，改进防入侵技术手段和管理措施，最大限度降低关键基础设施遭受网络攻击。

三是推动建立技术标准，掌握国际技术主导权。技术标准化是目前全球主要科技大国、互联网大国竞争的关键，哪个国家制定国际化的技术标准和规范，哪个国家就成为国际互联网空间技术规则的制定者，在数字技术后续发展中就能掌握先机、赢得优势。目前，西方国家在互联网相关技术、产品、产业的标准化程度较高，这让他们在国际互联网发展中具有较大的优势，能够制约其他国家的产业发展，甚至在某些领域中能够排除其他国家竞争者。例如，美国在《2019财年国防授权法案》中，要求联邦政府机构不得采购或获取任何使用"受控的通信设备或服务"，为中国企业"量身定做"一个无法符合的技术标准，大大制约了我国通信设备企业的长期发展。为了改变技术标准被西方国家垄断的情况，实现技术标准的多元化发展，我国积极主动提出相关产业的标准内容。例如，2018年10月，由我国移动牵头提出的切片分组网（SPN）原创性技术方案（面向业务的内网安全解决方案），在2018年10月的国际电信联盟（ITU-T）第15研究组（SG15）全会上成功实现标准立项，并被定位为下一代传送网的系列标准。2020年，我国提出面部识别软件的标准，受到国际社会的广泛认可，有效提升了信息产业技术标准的国际话语权。标准立项只是国际标准工作的万里长征第一步，在国际标准的推进过程中还面临着多重挑战。未来我国还需要进一步加强自己的技术探索，在5G技术、人工智能技术等关键技术领域制定出能够引领世界的国际标准，实现互联网领域技术话语权提升。只有不断推动技术创新和发展，加快提升专业技术水平，加大核心专利成果申报力度，才能不断影响国际标准化组织，保护中国互联网及通信企业在国际竞争中的正当性和公平性，提升中国技术标准在世界范围中的话语权和主导权。

（二）提升网络威慑，提升网络反击水平

习近平总书记在网络安全和信息化工作座谈会上的讲话中指出，要增强网络安全防御能力和威慑能力。[1] 国家网络威慑，是指通过向对手展示网络空间威慑实力，健全国家网络威慑体系，形成网络空间威慑与反击的能力。

首先，加强网络空间的态势感知技术，形成全天候全方位感知网络安全态势。要建立统一高效的网络安全风险报告机制、情报共享机制、研判处置机制，强化对基础网络架构的实时监控和预警，从危机征兆到危机开始造成可感知的损失这段时间内，通过各种手段发现、探测、分析并降低网络威胁和系统漏洞，化解应对危机，在国家网络空间尚未遭到攻击前阻止恶意行为[2]，让对手感受到实施攻击而得不偿失，以此慑止对手的进攻行为，从而形成拒止威慑。随着信息网络技术的发展，在"发现即摧毁"的未来军事斗争中，态势感知的重要性超过了打击手段上升到了第一位。[3] 提高我国网络空间态势感知技术，要建立多部门联动响应的网络信息共享机制，创建跨领域的态势感知系统进行决策分析并及时阻断拦截，加大对异常检测、数据挖掘、信息融合可视等先进技术的研究，实现全程动态实时的数据、态势可视化。[4]

其次，提高实施惩罚威慑的能力，加强综合跨域威慑，运用经济、

---

[1] 参见习近平：《在网络安全和信息化工作座谈会上的讲话》，人民出版社2016年版，第18页。
[2] 刘越、郭丰：《美网络战略首提主动防御 我需关注网络战备升级风险》，《世界电信》2011年第8期。
[3] 徐纬地：《缘木求鱼：以网络威慑求网络军事／战略稳定》，《信息安全与通信保密》2020年第9期。
[4] 马鹏杰：《网络空间态势感知能力建设探析》，《信息系统工程》2019年第1期。

外交、军事等各种手段，使潜在对手意识到网络攻击会造成自身难以承受的损失，主动放弃网络空间恶意行为。中国应建立起跨域综合网络威慑能力，运用常规打击方式，或者使用网络武器实现对方"体系瘫痪"，使对方造成不可承受的结果，从而放弃恶意行为。同时，结合经济、外交、舆论和市场限制等联合方式对恶意行为实施惩罚。

最后，实施精确反击，运用有效手段，强行进入攻击者网络系统，达成欺骗、干扰、破坏、操控入侵者系统，影响入侵者指挥控制系统和关键基础设施，达成"软杀伤"和"硬摧毁"的反击效果。可以看出，提升自身网络攻防能力是确保相互威慑、确保和平的条件。因此，中国积极加强自身网络攻防、态势感知能力，实现网络空间的"相互确保摧毁"，才能慑止对手的进攻。同时，还需提升网络空间作战能力建设，通过加强网络武器研发、改进网络作战系统以及强化网络作战模拟培训等方式，打造一支专业性强且训练有素的网络作战部队。

（三）提升自主研发能力，奠定网络安全基础

习近平总书记指出，"互联网核心技术是我们最大的'命门'"[①]，核心技术受制于人是我们最大的隐患。技术创新是大国网络能力生成的关键要素。发达国家在当今互联网治理体系中占据主导地位，其最根本的原因在于对核心技术和关键资源的垄断。只有消除了与网络发达国家之间的"技术鸿沟"，发展中国家才能赢得平等的对话资格。中国如果不能在网络技术和信息技术领域取得全面替代性的进步，也应该在关键技术领域积极寻求局部突破。[②]

首先，强化信息领域基础研究。基础研究是信息领域核心技术创

---

① 习近平：《在网络安全和信息化工作座谈会上的讲话》，人民出版社2016年版，第10页。
② 王明进：《全球网络空间治理的未来：主权、竞争与共识》，《人民论坛·学术前沿》2016年第4期。

新的源头。习近平总书记指出："加强基础研究是科技自立自强的必然要求，是我们从未知到已知、从不确定性到确定性的必然选择。"① 我国面临很多"卡脖子"技术问题，根子是基础理论研究跟不上，源头和底层的东西没有搞清楚。因此，我们要强化信息领域基础研究体系布局，重视顶层设计，优化基础研究布局，补上冷门短板，把基础研究体系逐步壮大起来，鼓励拓展新兴交叉学科，聚焦量子信息等未来可能产生变革性技术的基础学科领域、"卡脖子"技术，强化重大原创性研究和前沿交叉研究。围绕网络核心技术，建立国家主导、军队核心、企业主体的技术创新体系，为网络安全提供有力的技术支撑和保障，彻底摆脱核心技术受制于人的不安全局面。②

其次，推动核心技术自主创新、安全可控。我们要紧紧牵住核心技术自主创新这个"牛鼻子"，抓紧突破网络发展的前沿技术和具有国际竞争力的关键核心技术③，尤其在技术前沿领域要有自己的一席之地，在标准制定和发展导向上拥有绝对的发言权以及由此衍生的规则制定权和网络治理权。一是掌握基础技术、通用技术，如支撑互联网基本运行和长久发展的核心芯片、操作系统等；二是对非对称技术、"杀手锏"技术练就独门绝技，选准方向、找准突破口，集智攻关；三是对于前沿技术、颠覆性技术，如人工智能、量子通信、区块链等，争取掌握未来技术竞争新赛场的规则制定权和主导权。中国必须抓住当前世界新一轮科技革命的契机，充分利用网络技术更新换代的宝贵"时间窗"，突破发达国家技术壁垒，聚焦前沿新兴领域中对网络安全具有基础性、全局性影响的关键核心技术，加大自主信息产业发展力度，积极营造自主可控应用的生态环境，彻底摆脱网络空间安全关键核心

---

① 《习近平著作选读》第2卷，人民出版社2023年版，第469—470页。
② 王桂芳：《大国网络竞争与中国网络安全战略选择》，《国际安全研究》2017年第2期。
③ 参见习近平：《在十八届中央政治局第三十六次集体学习时的讲话》，《人民日报》2016年10月10日。

技术受制于人的被动局面，将国家网络空间安全的技术和产业发展的命脉牢牢掌控在自己手中。

最后，推动已成熟的技术尽快转入应用。新技术新应用不断涌现，像大数据、人工智能等技术应大力推广运用到网络空间，既可以对网络威胁进行有效预警、评估和防范网络攻击、网络入侵，同时也可以进行反击，形成有效威慑。"要改革科技研发投入产出机制和科研成果转化机制，实施网络信息领域核心技术设备攻坚战略，推动高性能计算、移动通信、量子通信、核心芯片、操作系统等研发和应用取得重大突破。"[①] 同时，要提升信息产业链供应链水平，强化产业链上下游衔接互动，既坚持锻造产业链供应链长板，形成产业优势，又着力补齐产业链供应链短板、发展先进适用技术，着力提升产业链供应链的韧性和安全水平。

---

① 习近平：《在十八届中央政治局第三十六次集体学习时的讲话》，《人民日报》2016年10月10日。

第四章

打赢信息领域关键核心技术攻坚战

21世纪以来,信息化、网络化、数据化和智能化越来越成为各国经济社会发展的重要趋势。网络强国建设以创新网络核心技术、维护网络信息安全为重要内容,而牢牢把握互联网核心技术是当前抢占未来科技和产业发展制高点的首要任务。随着全球化和逆全球化潮流的出现,国际竞争环境发生急剧变化,使得网络信息技术创新环境的复杂性进一步增强。可见,只有改善核心技术长期受制于人的局面,才能真正搭建起维护网络安全、信息安全、经济安全和国家安全的重要屏障。

一、信息领域关键核心技术面临的风险挑战

在新一轮科技革命和产业变革的大背景下,信息技术、通信技术、网络技术以及云计算、大数据、人工智能等新兴技术成为国际竞争的关键。在众多技术中,"网络信息技术是全球研发投入最集中、创新最活跃、应用最广泛、辐射带动作用最大的技术创新领域,是全球技术创新的竞争高地"[①]。关键核心技术具有开发难度大、成本高、周期长的特点,一旦掌握且广泛地应用到生产中,便具有极强的不可替代性。一般而言,在信息领域掌握关键核心技术的主体,基本上在网络发展中也掌握着主动权和主导权。经过20多年的发展,我国互联网建设取得跨越式进步,互联网与各领域的结合应用逐步成熟。但从现实发展来看,我国互联网技术与世界先进水平相比还存在一定的差距。因此,认清我国信息领域关键核心技术的现状,挖掘信息领域关键核心技术面临的各种风险挑战,才能增强攻破关键核心技术的紧迫感,更好地

---

① 《习近平关于网络强国论述摘编》,中央文献出版社2021年版,第114页。

为关键核心技术突破找到主攻方向和着力点。当前，我国信息领域关键核心技术面临的风险挑战主要表现为以下四个方面：

（一）基础技术、通用技术是网络信息技术发展的薄弱环节

关键核心技术是捍卫信息主权的国之重器，只有将关键核心掌握在自己手中，才能掌握竞争和发展的主动权。从我国技术发展来看，我国由于较为关注应用领域的开发而对关键核心技术的基础性研究存在不足，我国关键核心技术受制于人的局面没有得到根本性的改变，基础技术、通用技术研发仍属于薄弱环节。基础研究决定着一个国家自主创新能力的持续性。从国际与历史经验来看，世界上的创新性国家都非常重视在基础研究领域的投入力度。信息领域关键核心技术的突破在根本上依赖于基础研究。从目前来看，我国数据技术的研发和生产能力不足。在人工智能领域，在不断追求实现人工智能超越人脑的过程中，依然存在发展的瓶颈和困境。我国在人工智能算法和软件方面的引领优势还不明显，主要在于对国外开源深度学习框架的依赖程度较深。在基础理论方面的原创科技成果较少，自主创新能力较为薄弱，进而对于国产人工智能软件的开发产生不利影响。其中不仅包括硬件上的芯片限制问题，而且要顺利实现这一目标还需要在软件上不断实现算法的优化。以大数据技术为例，大数据相关技术主要包括信息采集、数据存储、数据分析以及数据可视化处理。但是，目前我国国内多数大数据工具还是基于国外核心技术进行的开发。尤其是互联网上的大数据，在很大程度上都掌握在外资企业的手中，它们能够运用强大的数据处理分析技术进行分析，这些数据不仅会提高国外企业的竞争力，而且如果西方国家发动对我国的信息战，这些泄露的大量数据将会变成攻击我们最有力的武器。可见，基础技术、通用技术仍然是网络信息技术发展的薄弱环节。

（二）信息领域关键核心技术创新体系整体效能需提高

提升信息领域关键核心技术创新体系整体效能是建设网络强国的必然要求。关键核心技术创新能力的提升有赖于创新体系整体效能的提高。创新体系内部各要素主体要想形成有效的互动和协调，成为一个有机的创新整体，还有许多需要改进和完善的空间。从科技创新体系的构成要素来看，创新主体、创新政策、创新资源储备、科技创新能力都影响着科技创新体系整体效能。就创新主体而言，我国目前仍面临着创新主体结构失衡、创新主体间协作能力缺乏等问题。就创新政策而言，在信息领域关键核心技术创新体系中，创新政策的制定和实施均存在短板，政府与市场的关系尚未完全理顺以及科技体制改革的重大决策落实尚未形成合力。就创新资源储备而言，要应对未来的不确定性和挑战，我国目前的创新储备还需要提升，进而为个人、企业或国家提供持续的创新动力和能力。就科技创新能力而言，在全球科技竞争激烈的条件下，各国纷纷将提高科技创新能力视为战略重点，但是在科技体系构建方面我们仍面临着地区间创新能力的不均衡、关键核心技术创新能力不足等方面的风险和挑战。

（三）信息领域关键核心技术人才队伍结构有待优化

人才是网络强国建设的根本，是实现民族振兴、赢得国际竞争主动的战略资源。加快实现高水平科技自立自强，解决信息领域关键核心技术"卡脖子"问题，对科技人才队伍结构提出了更高的要求。我国拥有规模宏大的科技人才队伍，2021年研发人员总量预计为562万人，稳居世界第一位。虽然我国在科技人才队伍数量上占据优势，但也应清醒地认识到，与世界科技强国相比，我国科技人才队伍的结构性矛盾突出，战略科学家、高水平基础研究人才和关键核心技术攻关人才匮乏，尤其是在信息领域关键核心技术方面，我国还处于跟跑地位。合理的科技人才队伍呈金字塔形结构，主要表现为代表着科技人才队伍最高水平的战略科学家和科技领军人才是处于"塔尖"位置；青年科技人才作为"塔基"，构筑起科技人才队伍的雄厚基础。信息领域关键核心技术人才队伍结构需要进一步优化。

（四）信息领域关键元器件、核心装备依赖进口

从信息领域的硬件发展水平来看，我国目前存在核心硬件的研发和生产能力不足的问题。核心硬件的研发和生产能力是关系到互联网发展水平的重要因素。与传统半导体产业相比，我国智能芯片产业与世界先进水平差距较小，在总体上处于核心技术受制于人、产品处于中低端的状态。虽然我国智能芯片设计能力已接近世界强国水平，但智能芯片设计企业对国外工具链的依存度较高，长期的芯片代工模式导致设计能力和制造力失衡。以人工智能的发展为例，2023年马斯克成立人工智能初创公司xAI，公司推出首款人工智能模型Grok。限制训练人工智能模型的主要问题是芯片短缺问题。在二代模型Grok2的训练中需要大约2万个英伟达图形处理器（GPU）计算芯片H100。人工智能的发展不仅受到缺乏高性能芯片的限制，而且受到电压互感器、电力供应等的限制。

二、打赢信息领域关键核心技术攻坚战的主攻方向

习近平总书记指出，"必须加强科技创新特别是原创性、颠覆性科技创新，加快实现高水平科技自立自强，打好关键核心技术攻坚战，使原创性、颠覆性科技创新成果竞相涌现，培育发展新质生产力的新动能"[1]。核心技术是国之重器。因此，习近平总书记强调："科技攻关

---

[1] 《习近平在中共中央政治局第十一次集体学习时强调　加快发展新质生产力　扎实推进高质量发展》，《人民日报》2024年2月2日。

要坚持问题导向，奔着最紧急、最紧迫的问题去。"①要打赢信息领域关键核心技术攻坚战需要瞄准目标、分类施策。

（一）突出信息领域基础技术、通用技术的研究

强化基础技术研究，突出通用芯片、基础软件、智能传感器等关键共性技术创新。这些基础性、通用技术对产业发展具有重要影响，是支撑互联网基本运行和长久发展的根本保障。

基础技术、通用技术是与专业性技术相区别的概念，在应用过程中的适用范围更加广泛。主要表现为以下三个特点：其一，基础性、通用技术的影响较为广泛。基础技术、通用技术的研究和开发能够实现在较大范围的应用性，实现这类技术的突破能够激发更广阔领域的技术创新。其二，基础技术、通用技术属于奠基性和共性技术。基础技术、通用技术在某一个专业领域中具有奠基性的作用，其他专业性技术的研究和开发都以这类技术为基础，因此，在这类技术上实现突破更有助于孕育出非对称技术、"杀手锏"技术以及前沿技术、颠覆性技术。其三，基础技术、通用技术的突破较难。基础技术、通用技术的创新与突破需要较为深厚的学科基础。实现这方面的突破需要全方位部署，在人力、物力上都需要花费较大的努力。在未实现突破之前，这种准备都表现出很大的不确定性。

基础研究是信息领域核心技术创新的源头。努力锻造和掌握信息领域的基础技术、通用技术需要把握好以下三个方面：其一，信息领域的基础技术、通用技术长期处于受制于人的局面。只有在基础性技术、通用技术上实现突破才能真正在关键核心技术上受制于人的局面。其二，信息领域的基础技术、通用技术的研究与开发关系到我国的信息安全和国家安全。从当前发展来看，信息领域的技术先进与否直接

---

① 《习近平著作选读》第 2 卷，人民出版社 2023 年版，第 470 页。

关系到国家的信息安全问题。如果作为基础性、通用技术的操作系统、芯片等关系到信息安全的技术长期掌握在他国手中，这就意味着我国的信息数据直接暴露在他国的手中，这将严重威胁国家的主权安全。其三，信息领域的基础技术、通用技术的研究与开发关系到我国长期的发展利益。以芯片领域为例，芯片技术长期被 Inter、AMD、ARM 三家公司把持，它们为全球的计算和智能设备提供着芯片。一旦这些芯片公司切断对我国的供应，我国的信息领域将面临巨大的打击。为了防范这种因技术垄断而出现的发展风险，需要着重锻造我国信息领域的基础技术、通用技术。

为实现高水平科技自立自强，实现高质量发展，打赢信息领域关键核心技术攻坚战，我们需要加强基础技术、通用技术的研究，从源头和底层解决信息领域关键核心技术问题。其一，在研究内容上，树立自主创新意识和行动，提出真正的科学问题。西方国家长期推行技术霸权观念，长期将先进技术垄断于一国之内，对他国尝试借助技术进行发展的行动采取遏制政策。2016年，美国指控中兴公司和华为公司违反美国出口管制政策，要求中兴公司向其缴纳巨额罚金。这充分说明美国试图通过推行技术霸权来影响以中国为代表的发展中国家进行关键核心技术领域的创新和发展。要打破美国的技术霸权垄断，实现国家在基础技术、通用技术领域的创新性发展，需要首先立足国内，树立起独立自主的意识和行动，着眼于经济社会发展和国家安全面临的实际困境提炼问题。其二，营造有助于信息领域基础技术、通用技术创新的社会环境。信息领域基础技术、通用技术的创新需要社会环境的支持。从世界科技创新发展史来看，科技事业的发展有赖于政府的支持、制度的保障和文化的支撑，这些都为科技创新发展提供着优良的发展环境。立足"两个大局"，在信息领域开展基础技术、通用技术研究同样需要营造科技创新的有利环境。只有如此，才能帮助互联网、大数据、云计算、人工智能等领域聚合较为先进的资源和要素。

其三，搭建信息领域基础技术、通用技术创新交流的平台。主要表现为加大力度推动高等院校与科研机构的合作，为产业结构、产业生产技术提供创新理念与创新技术，实现科技资源的共享与结合利用。优化整合人力、物资、资金等资源，充分发挥优势科学技术的深入发展，为国家企业与工业的发展提供技术支持。

（二）锻造信息领域非对称技术、"杀手锏"技术

加大非对称技术、"杀手锏"技术研发攻关力度，提升网络安全、系统安全、融合应用安全技术水平，增强安全保障能力。要练就独门绝技，选准方向、找准突破口，组织精锐力量集中攻关。

非对称技术、"杀手锏"技术是指在激烈的技术竞争中占据有利地位，能够实现克敌制胜效果的技术。非对称技术、"杀手锏"技术主要有以下四个特征：其一，竞争优势明显。非对称技术、"杀手锏"技术体现出"人无我有，人有我优"的比较优势，一旦研制成功将在技术竞争中占据着绝对优势地位。非对称技术、"杀手锏"技术可能在短期内无法实现其经济利益，但是却具有极其重要的战略威慑意义。其二，研发具有开创性。非对称技术、"杀手锏"技术的研发过程复杂，着重强调技术要实现大的突破，尤其表现为新的方向、新的技术、新的方法。在此过程中，"杀手锏"技术更加依赖于从"0"到"1"的研发。其三，非对称技术、"杀手锏"技术研发的保密性高，一旦投入使用就会给竞争对手较大的打击，并且使其难以应对，也难以在短期内仿制出相似的技术。其四，非对称技术、"杀手锏"技术的研发具有不确定性。非对称技术、"杀手锏"技术是具有开创性的新技术，在研制阶段缺乏可供参考的经验，研制过程也会较为曲折，研制的结果必然存在较大的不确定性。

由于非对称技术、"杀手锏"技术在竞争中具有绝对优势，因此在信息领域中掌握这类技术对我国互联网的发展能产生深远影响，具体体现为以下三点：其一，锻造非对称技术、"杀手锏"技术有助于提

高防范和应对信息领域风险的能力。随着人工智能技术在各个领域的深入发展，我国面临的信息领域风险逐步提升，只有在信息领域技术中掌握先发优势，才能更有针对性地化解和防范信息领域的重大风险。其二，锻造非对称技术、"杀手锏"技术有助于在激烈的国际竞争中处于优势地位。在国际竞争中，信息领域的竞争越来越成为综合国力竞争的重要影响因素。锻造非对称技术、"杀手锏"技术就是要制造先发优势，主动把握住信息领域竞争的主动权。其三，锻造非对称技术、"杀手锏"技术有助于扭转信息领域核心技术受制于人的局面。从发展历史来看，我国在信息领域发展起步晚，发展程度低于西方发达国家，尤其是在关键核心技术层面长期处于受制于人的局面。锻造非对称技术、"杀手锏"技术就是要扭转这种局面，把握发展的主动性和发展的节奏。

锻造信息领域非对称技术、"杀手锏"技术并不是要铺摊子，而应该确立起鲜明的研究方向，根据信息领域科学技术发展的历史和现状来进行有针对性的开发和研究。其一，坚持独立自主，自力更生。只有核心技术掌握在自己手里，才能掌握发展和竞争的主动权。改革开放以来，我国积累了雄厚的物质基础和广阔的市场空间，培养了一大批高素质的优秀科技人才。这些都为我们在新时代继续坚持独立自主、自力更生，锻造"杀手锏"技术奠定了良好的物质和技术基础。其二，因地制宜，扬长避短。任何国家的科技发展战略都会有所侧重，这主要是根据不同国家的社会、历史、经济和技术发展水平等条件来确定的。只有充分发挥本国在技术体系、生产能力、加工工艺、原材料和科学技术等方面的特长和优势，才能高效地实现非对称技术、"杀手锏"技术的突破。以发展人工智能为例，虽然美国在人工智能大模型研发方面走在世界前列，但是我国在人脸识别、智能交通等应用人工智能技术方面同样取得了显著进展。未来一段时期，我国在重点应用领域的新发展，同样能够实现在人工智能领域的领先地位。其三，吸收国外先进技术。锻造非对称技术、"杀手锏"技术需要吸收和借鉴人类社会创造的一切文明成果。科学技术是世界性的、时代性的，发展科学技术必须具有全球视野，把握时代脉搏。因此，要遵循相互尊重、合作共赢的原则，与科技领域具有优势的国家开展有特色的合作，在合作中不断提升自身的科技创新能力。

（三）重视信息领域前沿技术、颠覆性技术的突破

人工智能、量子通信、区块链、神经网络芯片、合成生物学、基因组编辑等，这些技术在新的时间节点可能会颠覆传统产业，是关系长远发展的，必须从国家层面超前谋划布局，争取掌握未来技术竞争新赛道的规则制定权和主导权。

前沿技术、颠覆性技术是指"具有颠覆了传统技术路线和改变游戏规则等革命性意义的技术创新，对原有技术体系和应用系统能够产生颠覆性进步作用的重大技术"[1]。前沿技术、颠覆性技术的特征主要表现为以下三个方面：其一，前沿技术、颠覆性技术的创新过程复杂。这主要是指前沿技术、颠覆性技术在创新过程中会面临较高的风险，不仅面临着对传统思维的突破，而且要使研究开发与技术、政策、产品、企业密切联系，创新的过程同样存在着较大的不确定性。其二，前沿技术、颠覆性技术影响深远。这主要是从效果的角度来对前沿技术、颠覆性技术进行的分析，主要表现在这类技术会对经济、社会或者军事产生极大变革性，对未来生产生活产生革命性的影响。这也是这类技术的核心特征。其三，前沿技术、颠覆性技术突变迅速。这主要是指前沿技术、颠覆性技术对主流技术的颠覆和变革，这主要表现在对技术、产品或者商业之中的至少一项实现突破。

在信息领域中，前沿技术、颠覆性技术的创新过程复杂，只有深刻理解该技术在信息领域产生的深远影响，才能更好地开展科学治理，

---

[1] 汤文仙、李京文：《基于颠覆性技术创新的战略性新兴产业发展机理研究》，《技术经济与管理研究》2019年第6期。

助推该技术在信息领域的深度发展。在信息领域，颠覆性技术体现为颠覆性信息技术，如移动互联网、大数据、5G、物联网、人工智能技术等。随着经济社会的发展，前沿技术、颠覆性技术推动网络意识形态传播模式的转变。一方面，颠覆性信息技术的应用能够拓宽网络意识形态传播的广度和深度。例如，5G技术能够最大程度延伸信息传播的触角，最大限度实现意识形态的传播范围。另一方面，颠覆性信息技术的应用能够实现网络信息传播的具象化和精准化。颠覆性信息技术改变了传统意识形态单一的传播手段，运用视频、直播、VR等生动化、具象化的方式进一步丰富意识形态传播路径，进一步增强主流意识形态的吸引力和感染力。颠覆性信息技术可以通过算法推荐来更加准确地评估信息传播对象的思想动态、行为习惯、兴趣爱好等。

谋划布局前沿技术、颠覆性技术需要从国家整体层面来制定政策，从不同方面来扩大技术突破的范围。其一，激励基础性科学研究。基础性科学研究将为我国的颠覆性技术发展带来长期的战略储备。基础性研究关系到研究的持续性，强化基础研究能促进基础与应用研究的融通发展，从根本上引领原创性基础科学成果的重大突破。其二，鼓励开展信息领域前沿技术、颠覆性技术研究，引导潜在主体参与更大范围的技术搜索。中小企业主体是信息领域前沿技术、颠覆性技术的重要力量。中小企业主体参与到信息领域前沿技术、颠覆性技术的研发中，会进一步推动颠覆性技术涌现概率的提升。其三，支持人工智能等新兴技术与传统科技领域以及艺术、哲学、人文等领域的广泛交叉融合，将进一步扩大前沿技术、颠覆性技术创新图景的整体规模，极大推动颠覆性技术的发展。国务院于2017年7月20日发布《新一代人工智能发展规划》，强调应推动人工智能新兴技术与数字、量子科学、心理学、社会学、经济学、神经科学等相关基础学科的交叉融合。目的在于打破学科和领域壁垒，推动信息领域前沿技术、颠覆性技术更大范围的广泛搜索。

三、打赢信息领域关键核心技术攻坚战的思路举措

核心技术要取得突破,就要有决心、恒心、重心。有决心,就是要树立顽强拼搏、刻苦攻关的志气,坚定不移实施创新驱动发展战略,把更多人力物力财力投向核心技术研发,集合精锐力量,作出战略性安排。

(一)坚持加强党的集中统一领导,优化市场与政府的良性互动

打赢信息领域关键核心技术攻坚战,要始终坚持党的集中统一领导,同时要合理改善和优化市场和政府的良性互动关系。

为充分发挥市场和政府对互联网核心技术突破的作用,要提升市场主体参与互联网核心技术建设的积极性,实现强强联合,形成协同效应。从目前中国互联网的持续快速发展来看,我国互联网发展仍处于快速成长阶段。在这一阶段,政府制定的相关互联网政策多属于扶持型,规制性的政策较少。一方面,这为互联网企业展开技术创造提供了宽松的市场环境,有助于企业在技术上实现更大的突破;另一方面,市场主体的贪婪性伴随着经济的发展也逐渐暴露出来,主要表现为互联网平台利用自身优势开展垄断经营、泄露消费者信息、滥用算法牟取暴利、利用大数据"杀熟"等。这些问题不仅影响到互联网的健康发展,而且违反法律法规、对国家经济安全构成威胁,需要及时纠正,正确治理。针对目前存在的问题,习近平总书记指出,"深化经济体制改革,核心是处理好政府和市场关系"[1]。在信息领域中实现技术突破,需要政府制定出完整的政策体系规范市场主体行为,市场主体

---

[1] 《习近平关于社会主义政治建设论述摘编》,中央文献出版社2017年版,第119页。

要在政府指导下充分发挥创造力。

政府可以通过实施吸引性政策引导各方将研发力量集中到互联网核心技术建设的关键领域。其一，充分发挥我国社会主义制度集中力量办大事的政治优势。进入新时代以来，我们党高度重视实施网络强国战略。中央有关部门陆续出台系列文件，推动互联网基础设施建设。2013年9月，《互联网接入服务规范》落地，电信业务服务质量及通信质量有了法规依据。2016年，《国家信息化发展战略纲要》出台以后，将网络强国建设三步走战略详细罗列，第一步就是需要提高核心技术，与国际市场接轨，掌握技术自主知识产权，以此作为开拓自身网络安全管理路径的前提。一系列政策及文件的发布，将进一步推动互联网技术的发展。其二，在制度层面，政府需要通过健全体制机制来优化制度环境，比如完善金融、财税、国际贸易、人才、知识产权保护等，在优化市场环境的基础上，激发创新主体的活力。尤其需要着重培育公平的市场环境，强化知识产权保护，反对垄断和不正当竞争。

（二）坚持网络信息技术自主创新，牢牢把握互联网发展主动权

科技是国家创新之基，创新是民族进步之魂。近代以来，西方国家之所以能称雄世界，一个重要原因就是掌握了高端科技。但是，从总体上来看，我国科技创新基础还不牢，自主创新特别是原创力还不强，关键领域核心技术受制于人的格局没有从根本上改变。从历史上来看，我国互联网发展起步晚，在网络信息技术方面与西方发达国家相比仍存在较大差距。要从根本上改变这种局面，需要从科技自主创新上下功夫，只有如此才能把握住互联网发展的主动权。

第一，加快实现高水平科技自立自强。关键核心技术是要不来、买不来、讨不来的。只有坚持原创性科技创新，才能把关键核心技术掌握在自己手中，把发展主动权牢牢掌握在自己手中。只有加强前沿

技术、颠覆性技术的创新，才能超越原有技术并产生替代。从信息领域来看，不论是硬件系统的高端芯片，还是软件系统的开发平台、基本算法，只有打好关键核心技术攻坚战，使原创性、颠覆性科技创新成果竞相涌现，才能为加快实现高水平科技自立自强奠定基础、提供支撑。

第二，正确处理好自主创新与开放合作的关系。自主创新并非对开放合作的排斥，而是要实现更高程度的自主创新成果。其一，坚持开放创新兼容并蓄。自主创新并不是"闭门造车"，而是要坚持以自主创新为主，技术引进为辅的策略，把创新的立足点放到发挥本国人民和各类人才的原始创新积极性和创造潜力上来，同时加强科技创新的国际合作，用足国际创新资源，加速增强自主创新能力。其二，立足自主创新自立自强。国内外的经验教训表明，对外技术依存度过高不利于经济的自主发展。缺乏核心技术和品牌竞争力，只能处于全球产业链的中低端。只有立足自主创新才有助于产业结构的优化升级。其三，推动强强联合协同攻关。在核心技术上，我们与国际先进水平仍有较大差距，要缩小这种差距，实现赢得发展的主动权，需要打通创新链、产业链、价值链，强化产业链上下游衔接互动，由政府和企业共同组建产业联盟，推动企业强强联合、协同攻关。

第三，推动国内产学研协同发展，提升科技自立自强水平。提升科技自立自强水平，需要扭转依赖外部技术的发展模式。在较长一段时间内，外部关键核心技术存在易得性，这使得国内核心技术的发展较为缓慢。但是，在国际国内形势发生重大变化的背景下，全球创新链、产业链面临冲击，国际市场受影响严重，科技自立自强显得尤为重要。在这种环境下，科技创新需要促进国内大学、科研机构、企业等创新主体间的有效合作，改变以往我国基础研究、应用研究与产业应用之间的"断裂"，推动我国的科学知识技术化、科学技术产业化。目的在于真正使我国的科研成果转化到商业应用中，畅通创新全链条。

（三）坚持夯实基础研究的根基，以基础研究带动应用技术突破

基础研究是科技进步的先导，是自主创新的源泉。坚持基础研究、前沿技术研究和社会公益性技术研究并重，切实加强政府对基础研究工作的领导。

注重夯实基础研究的根基。"加强基础研究，是实现高水平科技自立自强的迫切要求，是建设世界科技强国的必由之路。"[①]基础研究是整个科学体系的源头，是所有技术问题的总开关。基础研究的高度和厚度将直接影响信息领域关键核心技术创新的深度和广度。因此，要打赢信息领域关键核心技术攻坚战，需要集中在基础研究领域发力，持续推动原始创新。其一，要注重重大原创的基础研究。任何领域的进步都离不开基础理论的推动。要持续推动信息领域的发展更是需要在基础学科和基础研究上进行持续性的投入。从信息领域的发展历史来看，许多新技术的开创都离不开物理学的理论性贡献。物理学的基础研究与信息技术产业之间更是存在着紧密的关联。从1947年晶体管诞生到1962年集成电路再到20世纪70年代后期的大规模集成电路、半导体集成电路，从电磁学、电磁理论到电报、电话、广播、电视等信息传播手段的出现，以及从1946年电子数字积分计算机到1964年通用计算机再到1991年并行计算机，都促进了信息技术的迅猛发展。可见，信息领域技术的每一次重大进展都离不开基础研究的理论贡献。其二，要注重具有重大应用的基础研究。基础研究要面向国家和社会发展需要，只有将人民对美好生活的需要作为基础研究的出发点和落脚点，才能更好地开展具有应用性的基础研究创新。进入新时代，随着我国社会主要矛盾的转化，人民群众从美好生活的角度对现实需要提出了

[①]《深入学习习近平关于科技创新的重要论述》，人民出版社2023年版，第241页。

更高要求，着力满足人民对美好生活的现实需要是适应网络强国建设的客观要求，也是新时代中国特色社会主义发展的根本目的，更是推进基础研究发展的必然价值遵循。

谋求基础研究带动应用技术的转变。基础研究要在生产实践中发挥作用，绝大多数要通过应用研究、技术开发、中间试验、技术应用和技术推广等诸多环节。因此，打赢信息领域关键核心技术攻坚战，不仅要注重夯实基础研究，同时要根据信息领域中面临的实际问题来实际推动基础研究向应用技术的转变。一方面，要加大对面向需求的基础研究的投入。基础研究包括需求导向的基础研究和兴趣导向的基础研究。谋求基础研究带动应用技术的转变，要顺应信息领域的新形势，聚焦国家的重大战略领域，加大对需求导向的基础研究的投入，适度引导兴趣导向的基础研究。另一方面，重视科技创新和产业创新的深度融合。引导创新链的"好技术"变成产业链的"新应用"，增强产业创新发展的技术支撑力，实现技术创新与产业提质的同频共振。信息科学技术只有运用于生产过程中，才能转化为现实的生产力。创新成果不能停留于"实验室"，而要运用于"生产线"；科技发明不能存放于"书架"，而要走上"货架"。既重视"从0到1"的原始创新突破，更关注"从1到无穷"的成果转化应用，及时将科技创新成果应用到具体产业和产业链上，才能推动科技创新同经济发展深度融合。注重产学研的协同性发展，要以企业为主体，以产业引领前沿技术和关键共性技术为导向。

注重提高基础研究人才队伍的规模和质量。人才是第一资源，要打通基础研究与技术创新的绿色通道需要有人才的支持。历史证明，谁拥有了一流创新人才、拥有了一流科学家，谁就能在科技创新中占据优势。在建设世界科学中心的过程中，科技人力资源领域的争夺战将更加激烈。美国能够夺取并长期占据世界科学中心的地位，与其一直保持国际人才高地的显著优势密不可分。相反，边缘国家的"脑力流失"，往往伴随的是规模化的创新资源逃离。因此，我国要吸收经验和总结教训，加大人才库的建设速度，注重扩大研究人才的规模与发展质量。青年人思想活跃、不畏困难、敢于争先，在基础研究领域具有广阔的发展前途。要多关注青年人才成长成才，为青年人的教育和成长提供保障。一方面，要帮助青年人解决急难愁盼的现实问题，为他们解决开展基础性研究的后顾之忧；另一方面，要引导培养青年人的科学兴趣、原创意识和奉献精神。引导他们潜心基础探索、勇挑创新重担。

（四）坚持健全新型举国体制，推动信息领域关键核心技术攻关

要充分发挥社会主义市场经济的独特作用，充分发挥我国社会主义制度优势，充分发挥科学家和企业家的创新主体作用，形成关键核心技术攻坚体制。习近平总书记指出，要"完善党中央对科技工作统一领导的体制，健全新型举国体制，强化国家战略科技力量"[1]。

充分发挥新型举国体制在信息领域核心技术攻关中凝聚人心的作用。集中力量办大事是新中国成立以来我国推动科技创新、组织实施重大科技活动的重要经验，也是社会主义市场经济条件下开展重大科技创新任务的有力保障。随着我国经济体制的不断完善，构建新型举国体制成为适应经济社会发展的迫切需要。新型举国体制是在党中央集中统一领导下基于国家重大发展战略进行顶层设计与整体协调，通过社会动员的方式科学统筹各方面资源来调动参与主体的积极性、主动性和创造性的机制。在健全新型举国体制的过程中，中国共产党领导人民根据不同历史时期的任务要求，制定出有益于社会发展与满足群众利益的重大政治性与战略性的方向与策略。在一切为了群众，一

---

[1] 《习近平著作选读》第1卷，人民出版社2023年版，第29页。

切依靠群众的工作方法指导下,新型举国体制的运行展示出我国集中力量办大事、办急事与办难事的独特优势。要打赢信息领域关键核心技术攻坚战,离不开新型举国体制在其中发挥的积极作用。

充分发挥新型举国体制在信息领域关键核心技术攻关中的协同功能。习近平总书记讲道,"创新是一个系统工程","科技创新、制度创新要协同发挥作用,两个轮子一起转"。[①]可见,科技创新与制度创新同样重要。信息领域关键核心技术的攻关需要多元创新主体的共同参与,只有一个创新主体或几个创新主体参与是不够的,必须全面部署。只有持续调整不同创新主体的协同配合,才能把握好科研攻关的节奏,集中力量高效完成信息领域关键核心技术的攻关任务。在此期间,协同创新需要企业、高校、科研院所等创新主体之间实现资源共享、优势互补、共赢发展。从组织管理方式来看,构建新型举国体制能够在制度创新上为信息领域关键核心技术攻关提供支撑,主要表现为新型举国体制能够统筹各类资源,搭建起产学研协同创新体系,集中多元主体的优势力量进行协同攻关。以半导体产业为例,部分西方国家为了抢占通信领域的制高点,不断遏制我国5G技术发展,通过"长臂管辖"等手段打压华为等高科技企业,禁止出售芯片给华为公司,同时阻止华为5G产品进入该部分国家市场,肆意破坏国际市场规则。在这种特殊情况下,发挥我国市场经济条件下新型举国体制优势,构建半导体领域完整的创新链、产业链、供应链,促进产学研协同攻关,目的在于在半导体产业领域实现追赶超越甚至颠覆性创新。这种组织形式有助于调动市场主体活力和科技创新活力,能更好适应社会主义市场经济的快速发展和生产规模的扩张,充分发挥集中力量办大事的社会主义制度优势。

---

① 《习近平著作选读》第1卷,人民出版社2023年版,第496页。

第五章

坚决打赢网络意识形态斗争

习近平总书记强调："网络意识形态安全风险问题值得高度重视。网络已是当前意识形态斗争的最前沿。掌控网络意识形态主导权，就是守护国家的主权和政权。"[①] 当下，互联网已经成为舆论斗争的主战场，网络空间情况复杂。一方面，网络空间为网络霸权主义进行文化扩张和意识形态渗透提供了便利条件；另一方面，虚假、歪曲的信息和消极、错误的言论及观点扰乱了网络空间秩序，不利于建设良好的网络生态。如何有效地让以马克思主义为指导的主流意识形态牢牢扎根我国网络领地，深入广大网民思想，防范"颜色革命"，是我们做好当前网络意识形态建设工作的重中之重。因此，建设网络强国，掌握网络技术主导权，才能更好在网络意识形态斗争中发挥引导力和影响力，才能更好掌握网络意识形态斗争的主动权。

一、网络意识形态领域面临的风险挑战

就传统意义而言，国家安全主要指国家行使主权的陆地、海上、天空和太空不被侵犯。随着互联网技术的发展，国家安全的范围已经由上述的四维空间拓展至网络空间。在新媒体时代，网络空间作为国家安全的"第五疆域"，已成为国家安全空间的重要组成部分。互联网日益成为信息传播的集散地和思想交锋的主战场。"目前，大国网络安全博弈，不单是技术博弈，还是理念博弈、话语权博弈。"[②] 面对当前日益复杂的国际局势和网络环境，意识形态工作在网络空间中的开展面临诸多风险和挑战。厘清网络意识形态领域的风险和挑战，对于新时代建设网络强国具有重要意义。

---

① 《习近平关于网络强国论述摘编》，中央文献出版社2021年版，第54页。
② 习近平：《在网络安全和信息化工作座谈会上的讲话》，人民出版社2016年版，第19页。

第五章
坚决打赢网络意识形态斗争

（一）国际意识形态渗透对我国造成的风险与挑战

互联网最先起源于美国，这促使美国始终致力于利用互联网在全球进行战略布局，进而将其作为推行霸权主义与强权政治的有力工具。美国试图借助互联网超越领土、领海、领空的主权边界来对其他国家施加压力，进而为其资本在全球的扩张提供空间。从国际看，各种思想文化交流交融交锋更加频繁，国际思想文化领域斗争更加深刻复杂，围绕发展道路和价值观的较量日益凸显，中国在网络安全和信息安全方面面临严峻形势。

1. 借助互联网技术优势加强对我国的意识形态渗透

我国作为社会主义国家，西方社会从未放弃通过意识形态手段来从思想上瓦解我国。进入21世纪后，随着我国国际地位的提升和互联网的发展，西方社会开始运用更加隐蔽的手段和方法对我国展开新一轮的意识形态渗透行动。与20世纪对苏联的意识形态渗透行动不同，互联网成为新一轮意识形态渗透的主要工具。美国作为互联网技术和计算机技术的发源地，相较于其他互联网的后发展国家，其最先掌握了互联网的核心技术，这促使其在网络空间发展上拥有天然的优势。美国牢牢掌握着互联网的核心技术，这也促成了其在网络意识形态斗争中天然占据着霸权地位。长期以来，西方反华势力妄图利用互联网对中国进行"和平演变"，尤其是部分西方国家的领导人声称"有了互联网，对付中国就有了办法"，"社会主义国家投入西方怀抱，将从互联网开始"。[1]西方社会通过传播"非意识形态化""意识形态多样化"来对我国的主流意识形态进行冲击。面对以美国为代表的西方国家在网络空间上存在的天然优势地位，我国只有在网络空间上展开积极防御，才能有效应对网络空间中出现的巨大风险和挑战。

---

[1] 陈华：《夺取网络舆论斗争的主动权》，人民网，2013年9月4日。

2. 制造与主流意识形态对立的社会思潮颠覆人民政治信仰

西方国家加剧网络意识形态渗透，人民政治信仰面临挑战。西方国家试图借助互联网资源来进一步加剧意识形态渗透的强度。西方国家的话语霸权与技术优势、多样化社会思潮的泛滥、网络舆论推手的推波助澜都在一定程度上削弱了主流意识形态的传播效力，冲击着马克思主义指导思想的一元指导地位。[①] 近年来，一些西方国家借助其在技术上的霸权地位，在网络上通过散布谣言来诋毁、攻击他国的政治制度和价值理念。"颜色革命"、乌克兰危机等，都表明西方国家将互联网作为对外意识形态渗透的主渠道加紧实施推行文化霸权主义。其一，通过鼓吹自身来美化西方。一些西方国家通过大肆宣传其民主制度，鼓吹西方价值观的优越性，进一步鼓动我国网民要求我国政府实施西方的选举制度。其二，通过恶意造谣，引发社会情绪波动和混乱。一些西方国家试图借助历史虚无主义的东风煽动不实言论，妄图篡改历史定论。例如，否定中国的领袖人物在社会发展中的重大功绩进而否定中国改革开放史。某些西方国家借助网络平台恶意将少数党员的腐败性问题扩大化、本质化，试图以此来否定中国共产党，诋毁党的形象。可见，一些西方国家通过互联网对我国推行的意识形态渗透使人民政治信仰面临极大挑战。

（二）国内主流意识形态阵地面临的冲击与挑战

1. 网络错误社会思潮泛滥，冲击主流意识形态阵地

错误社会思潮会借助媒体参与的网络环境来对网络用户的价值观和政治倾向产生影响，这个渗透的过程具有隐蔽性、诱导性和煽动性，网络用户往往深受其害而不觉。错误社会思潮在网络空间的泛滥会弱化主流意识形态，对主流意识形态阵地产生冲击。网络空间中裹挟着

---

① 参见张志丹：《意识形态功能提升新论》，人民出版社2017年版，第64页。

"普世价值论""价值虚无主义"思潮的网络信息会在用户中自发形成网络圈群，将本质上的政治谣言伪装为虚假的"民主政治"，并通过网络直播、网络暴力等乱象放大扩散出去。网络媒体的发展助推着网络谣言的生成，侵蚀着网络主流意识形态阵地。为博得公众眼球，网络媒体打造出"信息茧房"，借助耸人听闻的标题、图文并茂的内容等表达手段在网络空间上大肆传播，目的在于利用网络平台煽动公众情绪，扰乱政治生态，侵蚀国家的网络意识形态阵地。各类社会热点问题在网络空间中容易被蓄意歪曲，甚至被恶意泛政治化讨论。例如，2021年发生的"新疆棉"事件，西方媒体便利用互联网散布谣言，歪曲新疆棉花生产时在压迫少数民族劳动力，这种歪曲事实真相，大肆抹黑中国的新闻报道，其背后的真实目的昭然若揭。极端民族主义、历史虚无主义言论通过网络传播，诋毁中华优秀传统文化。

2. 网络安全技术可控能力有限，主流意识形态传播面临风险

在建设网络强国的过程中，应清晰地认识到，目前在网络核心技术上我国与西方发达国家还存在较大差距。这种技术上的差距在一定程度上对我国网络意识形态建设，尤其是主流意识形态的传播会产生消极的影响。在互联网迅速发展的时期，网络信息技术直接影响着我国主流意识形态在国际与国内的影响力。从应用层面来说，当前关键核心技术未实现真正的自主可控。关键核心技术不可控主要会引发以下三方面问题：其一，数据隐私无法得到有效保护。数据隐私和数据信任是同一个问题的不同表述，信任依赖于隐私、知情同意、信息安全和人身安全等问题，这些问题是串联存在的。当用户的数据发生泄露时，他们的隐私和安全受到损害，知情同意被忽视，从而产生用户之间的信任问题。数据隐私主要表现为数据的行为分析问题、数据的安全威胁问题和数据的过分挖掘问题。行为分析主要是对用户的长期活动信息进行精准分析和研判，平台根据用户的长期行为数据来优化用户的界面。当前电子设备能够跟踪和收集用户数据，在使用过程中会根据用户的使用情况收集用户各方面的信息状况。因此，大量的用户数据会存储在设备的制造商手中。基于大数据的开放性，大数据服务提供商那里就很有可能出现安全漏洞，包括算法漏洞、数据库漏洞等。这些漏洞的存在将在很大程度上威胁到用户的数据安全。数据的过分挖掘会使人们产生对智能系统的信任危机。应用程序在收集基本的用户信息的同时还会产生更大范围的信息搜集，比如位置跟踪、录音功能等。虽然应用程序在下载过程中会出现相关信息搜集的界面，但其往往是在不经意间便跟踪和监视用户的情况。人工智能在一定程度上帮助平台上的商家寻找潜在的目标消费群体。其二，算法程序偏离客观中立的价值立场。算法程序在信息生产、整合与推送等过程中偏离客观中立的价值立场，使得相关信息违背事实或不公正传播，进而影响到公众对信息的认知体验和决策。[1] 智能化时代，算法技术具有选择、界定、推送信息与记载、留存个体信息的权力。但是，算法权力一旦失控，人的主体性地位以及技术的意识形态建构供给等层面都将面临重大风险。这主要表现在以下几个方面：算法设计者会受到个人价值观的影响，将主观价值判断和行为决策嵌入到相关程序中。在具体操作中，算法设计者也可以通过修改相关参数设置，增加低劣资讯的推送频率。算法设计者所掌握的算法程序知识存在认知盲区等局限会对算法程序的客观中立性产生影响。不同设计者由于存在学习背景和经历差异，会形成差异性的认知水平和观念，这些都有可能潜在地嵌入到算法程序中，导致不同的算法表现出符合设计者个人价值观的偏见取向。用户标签化是系统对用户的性别、年龄、消费习惯等属性进行标签化认定的过程。算法推荐的内容与用户画像的匹配精准度越高，就越迎合用户个体的"兴趣"。但是，这种将用户标签化的过程本身便是一种偏见性判断，因为个体的特质及其行为偏好具有复杂性，

---

[1] 郭小平、秦艺轩：《解构智能传播的数据神话：算法偏见的成因与风险治理路径》，《现代传播（中国传媒大学学报）》2019年第9期。

标签化并不利于对用户进行综合判断。其三，技术被运用于非法获取个人信息。技术滥用主要是指在互联网条件下借助计算机程序或者脚本，按照程序编写者的触发条件，自动且高效地访问、下载、解析目标计算机信息系统中的数据，使用者为了非法获取个人信息而滥用这种技术，进而造成公民个人信息的大范围泄露。在信息领域，技术滥用主要包括突破技术措施收集个人信息、正常登录系统非法收集个人信息等，这些都对个人信息安全造成极大威胁。

3. 资本主导加剧网络信息扩散，网络舆情管控面临挑战

改革开放以来，我国经济经历了长期快速发展，奠定了雄厚的物质基础，造就了广阔的市场空间。但与此同时也要认识到，社会在经历深刻变革的同时各种矛盾同样在不断积累。在网络媒体迅猛发展的环境下，网络信息能够获得更加全景化地呈现，网络媒体也会在无形中成为信息传播与扩散的催化剂。一方面，这为人们的生产生活提供了极大便利，也为马克思主义及其中国化时代化的最新成果的传播带来机遇。另一方面，由于网络意识形态领域的信息传播形势更复杂、风险防控难度更大，虽然广大网民拥有独立的对议题的主导权和解释力，但是在资本逻辑引导下逐步引发的网络信息异化现象愈发严重的情况下，互联网主流意识形态的公信力同样面临着重大的冲击和挑战。网络用户在大数据和流量的裹挟下容易陷入资本逻辑的陷阱，沉迷于流量陷阱而失去对信息真实性和有用性的判断能力。公众面对各种社会问题往往优先选择借助网络平台来进行判断，个人做出的价值判断和选择也往往依赖于网络平台的信息推送，但是网络空间中的信息纷繁复杂，各种思想观念和价值理念层出不穷，其中难免存在与主流价值观不同甚至相对立的意识形态，这给主流意识形态的阵地建设提出了不小的挑战。

4. 意见领袖负向作用，主流意识形态主导力弱化

意见领袖是指"在人际传播中表现活跃的一小部分人，他们对某

方面的事态发展比较关心，比较了解，能向他们身边那些广大的公众群体提供相关信息，并对此作出相应的解释"[1]。意见领袖对网络舆论形成发挥着重要作用，他们借助自身存在的影响力来对网络信息进行传播，过程中屡屡出现失范言行，这并不利于健康网络舆论环境的营造。网络意见领袖在议题设置阶段就能够引领公众的关注点，引导舆论的演变方向。在面对意见冲突时，网络意见领袖会进行积极的表达，他们通过较高的发言质量和独到的见解获得网民的认同。这种认同会使网民误认为这就是自己的观点和主张。当某种意见聚集到足够多的受众，就会形成一定的舆论环境，进一步推动网络民众达成共识。可见，在网络舆论形成的过程中，网络意见领袖在其中发挥着关键性的作用。但是，当网络意见领袖的观点一旦脱离正确轨道，引导舆论朝着相反的方向发展，便会误导民众的价值取向，危害我国文化安全。当前，由于资本集团操纵媒体的网络舆论，受资本扶植的意见领袖通过制造社会假象、泛政治化批判和泛道德化批判等方式进一步阻碍网络良好秩序的形成，这将进一步弱化主流意识形态的引领力。

二、筑牢网络意识形态斗争的阵地基础

面对网络意识形态领域出现的种种挑战和风险，只有首先筑牢网络意识形态斗争的阵地，才能为赢得网络意识形态斗争奠定良好的基础。

（一）筑牢网络意识形态斗争阵地的意义

筑牢网络意识形态斗争的阵地主要是指对具有共同思维方式、理想信念、价值观念的人们，通过网络媒介渠道宣传自己的价值体系、

---

[1] 李彬：《传播学引论》，新华出版社2003年版，第150页。

思想理念，帮助人们树立边界意识，指导人们的行为活动，规范人们的行为方式，目的在于抵制错误思潮的危害、引导人们树立正确的价值观。

1. 筑牢网络意识形态斗争的阵地是满足人民精神需要的内在要求

生活需要是唯物史观的重要范畴，从具体类型上来划分，需要可以分为政治需要、物质需要、社会需要、精神需要和生态需要等。人类的需要是社会发展的重要动力。党的十八大以来，我国始终坚持以人民为中心的发展思想。但是，我国社会的主要矛盾始终表现为人民日益增长的美好生活需要和不平衡不充分的发展之间的矛盾。开展网络意识形态斗争、筑牢网络意识形态斗争阵地的主要目的在于优化网络空间环境，更好发挥社会主义意识形态的积极作用。只有如此，才能更好地满足人民的精神需要。可见，人民对美好生活的需要是筑牢网络意识形态斗争阵地的重要驱动力。

2. 筑牢网络意识形态斗争的阵地适应了网络时代来临的需要

随着计算机和互联网的普及，越来越多的人加入虚拟社会，感受网络空间带来的便捷性，网络空间已经成为与现实空间并存的第二空间。意识形态斗争的阵地也随着互联网的普及而拓展到网络空间领域。这主要表现为不同的思想文化和价值观念能够借助网络的新形式以数字化、信息化、符号化的形式在网络空间传播，网络媒介成为思想文化和价值观念传播的重要渠道。虽然我们党高度重视网络意识形态工作，强调"互联网是当前宣传思想工作的主阵地"[1]，但互联网也极易演化为舆论斗争的主战场，展开舆论热点的争夺，一旦放松警惕，便可能产生危害我国政治稳定的后果。因此，巩固意识形态的阵地基础，维护意识形态的领导权和话语权，也要根据形势的变化及时从现实社

---

[1] 《习近平谈治国理政》第2卷，外文出版社2017年版，第325页。

会向网络空间延伸。

3. 筑牢网络意识形态斗争的阵地对国家意识形态安全意义重大

习近平总书记指出:"互联网是我们面临的最大变量,在互联网这个战场上,我们能否顶得住、打得赢,直接关系国家政治安全。"① 互联网上的意识形态斗争直接影响着意识形态工作的开展。网络意识形态安全是国家意识形态安全的重要组成部分。以网络信息技术为基础的新媒体的迅猛发展,不仅为社会主义意识形态的建设提供着机遇,也带来了诸多挑战。正因为如此,对筑牢网络意识形态斗争的阵地进行深入分析和研判,从而更好维护国家意识形态安全和政治安全,是一项重大而紧迫的时代课题。

(二)网络意识形态阵地彰显的鲜明特征

网络意识形态阵地与传统的领土阵地有较大区别。二者根本的区别在于网络意识形态阵地是无形的,而领土阵地是有形的。这也决定了两种阵地的建设和守卫方法不同。因此,只有深入分析把握网络意识形态阵地的特点,才能更好地为巩固网络意识形态斗争的阵地寻找到有效的方式。总体来看,网络意识形态阵地主要包括以下三个特征。

1. 网络意识形态阵地具有虚拟性

网络意识形态阵地看不见、摸不着,存在于网络空间。主要有以下三方面的表现。其一,网络意识形态阵地的斗争环境虚拟。网络意识形态阵地依托于网络环境而存在。由于网络环境具有虚拟性,其主要是以计算机和互联网技术为基础,并通过数字化方式搭建起的"虚拟空间",其中存在"虚拟人""虚拟社会""虚拟共同体",也有虚拟文化、虚拟情感等。因此,借助网络虚拟环境而存在的网络意识形态阵地同样具有虚拟性。其二,从事网络意识形态阵地斗争的行为主体

---

① 《习近平关于网络强国论述摘编》,中央文献出版社2021年版,第56页。

虚拟。由于在网络空间中实现了身份的自由,在网络意识形态阵地从事活动的行为主体也从现实社会中挣脱出来,行为主体可将自己伪装成与现实真实身份大相径庭的虚假身份在虚拟空间中自由活动。其三,网络意识形态阵地的斗争对象具有虚拟性。与从事网络意识形态阵地斗争的行为主体相对应,为巩固网络意识形态阵地而在网络空间中展开的意识形态斗争的对象同样具有虚拟性,斗争的对象多是与主流价值观相悖的价值理念和各种泛滥的社会思潮。

2. 网络意识形态阵地具有流动性

其一,网络意识形态阵地区域范围的流动性。网络空间的开放与自由,决定了网络意识形态阵地不同于传统的文化阵地形态,网络意识形态阵地没有明确的边界划分,任何拥有互联网的地方都可以搭建起网络意识形态阵地的区域。其二,网络意识形态阵地的行为主体的流动性。在网络意识形态阵地从事活动的行为主体没有明确的界定,囊括了社会层面的各个群体。网民的构成由不同年龄段、不同职业、不同民族、不同国家、不同信仰的人组成,这些网民在网络空间中的活动范围、内容和形式多样,身份模糊,踪迹复杂。

3. 网络意识形态阵地的内容具有多元性

网络虚拟社会作为文化信息的集散地,为不同意识形态的传播提供了场所和渠道。网络意识形态阵地上的行为主体构成多样,这赋予其既是内容创造者又是内容接受者的身份。从内容构成来看,各种文化并存共处,包罗万象的文化内容、思想观念和价值理念都将在虚拟的网络空间中呈现出来。网络意识形态阵地面对内容多元性的局面,必定会接受到与主流价值理念、思想观念相冲突的社会思潮和文化内容,正是这些不良的文化内容冲击着网络意识形态的安全。

由此可见,网络意识形态阵地存在的虚拟性、流动性和内容多元性的特征,进一步增加了我国维护网络意识形态安全,尤其是巩固网络意识形态斗争阵地的困难程度。

（三）筑牢网络意识形态斗争阵地的方向

新时代网络意识形态斗争的典型形式是"阵地战"，以此达到占领战场的目的，从而取得斗争主动权。阵地战是军事作战方式的一种。西方马克思主义者葛兰西将阵地战这种军事术语运用到政治领域。葛兰西把列宁领导的俄国十月革命类型的夺取政治领导权的斗争比喻为运动战，而把他所设想的适应于西方国家的以首先夺取文化领导权为目标的斗争比喻为阵地战。葛兰西在领导权问题上强调意识形态领导权对于西方国家无产阶级革命的重要意义，与他提出的阵地战有密切的联系。当前，网络社区论坛、即时通讯平台、网页网站空间、在线开放课程（"慕课"）等成为较量双方争夺的重要阵地，这些阵地是网络意识形态传播的主要场所，各种思想文化和价值观念在此汇集，构成了复杂的场域生态。因此，要筑牢网络意识形态斗争的阵地，就需要牢牢把握住网络意识形态斗争的领导权、管理权和话语权。

1. 牢牢掌握网络意识形态工作的领导权

中国共产党作为我国的执政党，领导和指导意识形态工作的能力是一种基本的执政能力。中国共产党要巩固在网络空间中的思想基础，最根本的要求就是掌握网络意识形态工作的领导权。其一，要牢牢树立起占领网络意识形态的阵地意识。面对严峻复杂的网络意识形态斗争形势，必须把维护网络意识形态安全作为守土尽责的重要使命，以高度的政治自觉、思想自觉、行动自觉坚守网络意识形态阵地，坚决打赢网络意识形态斗争，切实维护以政权安全、制度安全为核心的国际政治安全。随着互联网技术的深入发展，网络空间越来越成为敌对势力与我们党激烈争夺的重要阵地。由于网络空间的虚拟性、开放性和隐蔽性的特征，马克思主义的思想不去占领，各种非马克思主义的思想甚至是反马克思主义的思想就会去占领。可见，占领网络意识形态领域的阵地对于凝聚人心、维护社会稳定尤为重要。其二，要把握正确的网络意识形态斗争的方式方法。习近平总书记指出："思想舆论领域大致有三个地带。第一个是红色地带，主要是主流媒体和网上正面力量构成的，这是我们的主阵地，一定要守住，决不能丢了。第二个是黑色地带，主要是网上和社会上一些负面言论构成的，还包括各种敌对势力制造的舆论，这不是主流，但其影响不可低估。第三个是灰色地带，处于红色地带和黑色地带之间。对不同地带，要采取不同策略。对红色地带，要巩固和拓展，不断扩大其社会影响。对黑色地带，要勇于进入，钻进铁扇公主肚子里斗，逐步推动其改变颜色。对灰色地带，要大规模开展工作，加快使其转化为红色地带，防止其向黑色地带蜕变。这些工作，要抓紧做起来，坚持下去，必然会取得成效。"[1] 网络意识形态斗争作为一种新的舆论斗争形态，在进行斗争的过程中要讲究战略战术。既要打正规战、阵地战，又要打运动战、游击战。尤其是要根据形势的变化机动灵活地选择战略战术，尽最大可能掌握网络意识形态斗争的主动权，避免被人牵着鼻子走，不能因为战术刻板而耽误战略全局。

2. 牢牢掌握网络意识形态工作的管理权

意识形态工作的管理权是统治阶级维护政治权力合法性的有效工具。当前，网络环境复杂多变，网络空间存在着纷繁复杂的错误社会思潮，主流意识形态面临冲击。因此，筑牢网络意识形态阵地，需要意识形态管理主体在开展和实施意识形态管理活动中拥有足够的权力。其一，要牢牢把握网络意识形态管理的资源平台。筑牢网络意识形态阵地，需要合理占有一定的网络资源。主要包括人力资源管理权、环境资源管理权、技术资源管理权和宣传资源管理权。只有占有一定的网络资源平台，才能更好地在网络空间上弘扬社会主义核心价值观。其二，要在网络意识形态管理中坚持党的领导主体地位。网络空间并

---

[1] 《习近平关于网络强国论述摘编》，中央文献出版社2021年版，第52—53页。

非法外之地，我国作为社会主义国家，网络信息的传播要具有鲜明的社会主义导向。中国共产党作为我国的执政党，理应在网络意识形态管理过程中发挥主体作用。其三，要在网络意识形态的管理思想上坚持以人民为中心的发展理念。筑牢网络意识形态阵地，最根本的就是要在管理理念上下功夫。网络意识形态管理要以为民服务为目标，在管理实施过程中要坚持受人民监督，同时将网络民意纳入意识形态管理决策过程中。

3. 争夺网络意识形态工作的话语权

信息技术的迅猛发展推动新媒体形式的涌现，新旧媒体交汇融合、共同发展的新环境，使网络空间意识形态话语权的争夺呈现出一些新形势、新特征。"大国网络安全博弈，不单是技术博弈，还是理念博弈、话语权博弈。"[1]因此，要筑牢网络意识形态的阵地就要善于在网络舆论斗争中争夺网络意识形态工作话语权。其一，把握网络空间意识形态话语权争夺的特征。在互联网普及的初期，网络话语权掌握在拥有网络媒体资源的占有者手中，信息的传播只能经由媒体资源进行自上而下的传播。此时，网络阵地的拥有者主要是媒体资源的占有者。随着互联网深入人们生活的方方面面，网络意识形态对于人们的认知、判断和行为的影响更加直接。网络空间意识形态话语权逐渐由媒体资源占有者向普通网民转移。掌握话语权的群体和个人能够赋予网络中引发一定关注的议题以特定意义和价值，从而影响受众的态度、观点和立场。其二，把握网络意识形态话语权争夺的关键因素。争夺网络意识形态工作的话语权，主要是把握表达权与传播权的条件。虽然掌握网络资源的网民们拥有在网络上平等表达观点的权利，但是由于占有的网络资源不同，产生的影响力有很大差异。争夺网络意识形态话语权需要占据大量网络资源，形成聚合效应，如此才能真正对网络舆论

---

[1] 习近平：《在网络安全和信息化工作座谈会上的讲话》，人民出版社2016年版，第19页。

产生影响力和控制力。

三、巩固网络意识形态斗争的内容根基

巩固网络意识形态的阵地，需要在网络宣传的内容建设上下功夫。网络舆论对于民众思想具有引导性。在网络意识形态斗争的领域，要注意内容传播的统一性。因为在任何一个国家，如果舆论过于涣散，将不利于社会团结，舆论过度离散甚至可能导致国家灭亡。习近平总书记强调："依法加强网络空间治理，加强网络内容建设，做强网上正面宣传，培育积极健康、向上向善的网络文化，用社会主义核心价值观和人类优秀文明成果滋养人心、滋养社会，做到正能量充沛、主旋律高昂，为广大网民特别是青少年营造一个风清气正的网络空间。"[1]

（一）坚持正确政治方向、舆论导向、价值取向

巩固网络意识形态斗争的内容根基，首先需要在方向上对意识形态进行引导，弘扬主流意识形态。习近平总书记强调："我们是中国共产党领导的社会主义国家，为什么不可以说中国共产党的领导、说社会主义制度，为什么不可以发声！越是有人要压制正面舆论的声音，我们越是要发声。邪不压正，网上正面声音强大了，就可以减少负面舆论的影响。"[2]

1. 网络意识形态内容宣传要坚持正确政治方向

在网络意识形态内容宣传中要始终坚持党管媒体，牢牢把握住党性原则，坚持马克思主义新闻观。其一，筑牢网络意识形态斗争的内容根基要始终遵循党管媒体原则。党管媒体是党的新闻事业在长期实践中形成的根本原则，关系到党的执政地位的稳固、国家大局的稳定

---

[1] 习近平：《在网络安全和信息化工作座谈会上的讲话》，人民出版社2016年版，第9页。
[2] 《习近平关于网络强国论述摘编》，中央文献出版社2021年版，第49页。

和各项事业的发展。党管媒体是指我们党必须掌握新闻舆论工作的主导权，牢牢把握舆论导向，使新闻舆论为党和国家工作的大局服务。进入互联网时代后，以网络信息技术为支撑、以移动终端为主要载体的新媒体崛起，秉持党管媒体原则显得更为重要，这主要表现为要建立党委领导、多方参与的网络空间治理模式，通过党委领导下的合作实现多方共同参与网络意识形态内容的宣传。与此同时，积极探索和发展党和政府领导的新型主流媒体和传播渠道。其二，党性原则是网络意识形态斗争工作的基本准则。相较于传统媒体，网络媒体具有虚拟性、流动性和多元性的特点，这就进一步增加了网络意识形态工作的难度。要从千头万绪的网络意识形态工作中选准意识形态斗争的合适内容，最基本的就是要把握住工作的基本准则。我国作为社会主义国家，网络宣传工作的根本出发点就是要站稳党和人民这一根本政治立场。

2. 网络意识形态内容宣传要坚持正确舆论导向

舆论导向是在网络意识形态内容宣传中占据主导地位的舆论倾向。舆论导向能够发挥引导舆论和反映社会舆论的作用。根据舆论导向的性质划分，舆论导向可以区分为正确和错误两种。正确的舆论导向对于社会发展稳定具有积极的引导作用，反之，错误的舆论导向对于社会发展稳定具有阻碍作用。坚持正确的舆论导向要做到以下两点：其一，坚持以人民为中心的根本立场。正确的舆论导向代表着历史和社会发展的正确方向，是反映人民群众真正意愿的舆论。因此，网络媒体在进行内容宣传过程中，在表达自己意见时要时刻站稳党和人民的立场，在发表网络报道和评论时要始终将人民群众的利益放于首位。其二，敢于同错误的舆论导向展开斗争。在网络媒体表达社会意见时，意见表达的主体实际上是社会公众中的意见领袖或具有参与表达意识的活跃人群。但是，由于自身生活方式、生产方式和思维方式的不同，意见表达和利益诉求往往是多元甚至是对立的。在这种情况下，网络媒体的宣传要立足党和人民群众整体利益，进行客观分析和研判，要坚持以理性的视野来审视社会事务。要敢于亮剑，着眼于团结和争取大多数，有理有利有节开展舆论斗争，帮助干部群众划清是非界限、澄清模糊认识。

3. 网络意识形态内容宣传要坚持正确价值取向

价值取向是价值主体在实现价值目标过程中一贯坚持的价值标准和行为准则。虽然互联网技术和计算机技术本身并不具有价值取向，但是"技术工具从来就不是中性的，而是永远具有社会、政治的蕴含。技术反映了其制造者、拥有者和使用者的目的、利益、标准与价值"[1]。在网络空间中，价值主体会借助互联网和计算机技术进行具有鲜明价值导向的内容宣传。在社会主义制度的国家，网络空间的内容的宣传要坚持正确的价值取向，弘扬主旋律，旗帜鲜明地宣传社会主义制度和中国共产党的领导，培育和践行社会主义核心价值观，弘扬中华优秀传统文化中的"崇真、向善、尚美"的美德。只有在网络空间中不断传播正能量，才能有效地消解负能量，增强人民群众在网络空间中产生的感情和意识上的归属感和认同感，将人民群众组织在一起形成强大的凝聚力。

（二）加强网上重大主题宣传和重大议题设置

重大主题宣传是围绕党和国家的重大战略思想、重要决策部署，分专题分领域开展的集中深入的宣传报道，时间长、容量大，有声势、有规模，是壮大主流舆论的重要方式。要唱响网上主旋律，巩固壮大主流思想舆论，深入开展网上重大主题宣传，增强网上议题设置能力，围绕党和国家重要方针政策以及群众关心的热点问题，加强策划、精心安排，推出一批网上重大主题，守正创新做好网上传播，推动正能量赢得大流

---

[1] 〔荷兰〕约翰·德·穆尔著，麦永雄译：《赛博空间的奥德赛——走向虚拟本体论与人类学》，广西师范大学出版社2007年版，第35页。

量、好声音成为最强音，凝聚起万众一心向前进的磅礴力量。需要注意的是，网上重大主题宣传并不是互联网和宣传工作的简单相加，而是要在坚持党对宣传工作的总要求基础上深刻把握互联网的特点。持续加强网络空间重大主题宣传和重大议题设置应从以下三个方面着手。

1. 加强网络宣传策划

重大主题宣传和议题设置只有在精心策划的基础上才能更好达到宣传的效果，这就需要对党和国家的大政方针有较为深入的领会，对网络受众群体的心理预期有初步的判断。在此基础上，策划者根据主题的特点、角度、内容、表现形式、时间节奏等进行分析、提炼、布置。从网络宣传的策划重点来看，一方面，要体现出主题宣传的广度和深度。根据不同内容，采用连续报道、系列报道、深度报道、现场直播、适时刷新、互动交流等方式，实现报道题材、体裁和表现形式的多样化。不仅要对重大主题进行全景式的宣传和报道，而且要体现出时间的延续性和信息的广泛性。另一方面，网络宣传策划要体现创新性和独特性，针对重大主题的特点，发掘出独特的报道角度和构思，让网络专题形成鲜明的特色和个性，使得主题报道更容易脱颖而出。网络宣传策划要精心选定正能量和主旋律的内容，创新宣传形式，尽量能够围绕主题进行连续性的内容输出，只有如此才能更好达到重大主题宣传的效果。

2. 要贴近人民生活

要善于运用人民群众乐于接受的形式搞报道、做节目，用群众语言、大众表达宣传重大主题，寓理于事、以理服人、情理交融。克服用孤立的、静止的方法描述事实，缺乏可信度、公信力的问题；克服居高临下、空洞说教，对政策文件、领导讲话照抄照搬、简单图解，生动鲜活不足，群众敬而远之的问题；克服形式上轰轰烈烈、豪华艳丽，但影响力、实效性不强的问题；克服宣传手法老套，缺乏创意新意，形式刻板，亲和力、贴近性不够的问题，努力增强正面宣传的针对性、实效性。在开展重大主题宣传的过程中，要着重宣传党史、新中国史、改革开放史、社会主义发展史、中华民族发展史，要善于根据网络特点和群众接受程度进行喜闻乐见的新闻报道和主题作品创作。不断推进网上宣传理念、内容、手段、体制等全方位创新，要通过实事求是、客观准确的报道拉近与人民群众的距离，充分报道群众身边事例，以小故事诠释大主题，以小切口反映大主题。优秀的主题作品既能够为人民群众接受和点赞，同时也能够充分发挥主流价值观的正确导向作用。2023年9月，550个中国正能量网络精品在网站平台上展播，《警号111871，请回答》《江山壮丽》《地下700米的孤勇者》等一系列作品引发公众的关注和好评。

3.坚持网上和网下相结合

加强网上主题宣传和重大议题设置，要坚持系统思维，充分挖掘运用网上和网下资源，有效实现网上与网下的有效联动。其一，要坚持将线下实践活动中的丰富素材资源与网上传播平台相结合。综合运用各种宣传资源和传播平台，进行多媒体报道、多样化展示、多终端推进，形成规模效应和聚合效应。开展网络重大主题宣传的目的是充分发挥互联网平台信息传播速度快、内容传播范围广的特点，将线下具有典型性、启发意义的人物和故事借助新媒体平台展开宣传，将极大加强宣传的效果，提升主题宣传的影响力。其二，要坚持将网上的媒体资源与不同的目标人群进行有效匹配，提升重大主题宣传的针对性。在开展网上重大主题宣传活动过程中，应充分发挥各类媒体的特色和优势，针对不同目标人群提供不同的新闻产品，丰富宣传层次和报道视角，实现分众化差异化传播。

（三）推进网络宣传理念、内容、方式创新

习近平总书记指出："我们要深刻认识舆论引导的重要性，主动加强引导。现在，互联网等新媒体快速发展，如果我们不主动宣传、正

确引导，别人就可能先声夺人，抢占话语权。"①

1. 推进网络宣传理念创新

理念是行动的先导，一定的宣传实践都是由一定的宣传理念引领的。宣传理念的好坏直接关系到网络意识形态宣传的成败。领先超前的宣传理念能达到事半功倍的宣传效果，反之，落后的宣传理念则会使网络意识形态宣传的效果大打折扣，甚至事与愿违。我国作为社会主义国家，在宣传理念上要坚持以人民为中心、坚持实事求是、坚持与时俱进。坚持以人民为中心就是要将人民群众的利益作为对内对外宣传的出发点和落脚点。互联网深刻影响着现实生活甚至人的成长过程，人民群众是互联网的重要参与者和使用者，坚持以人民为中心的宣传理念就是为人民群众提供喜闻乐见的宣传内容和形式多样的宣传方式。坚持实事求是就是要提升运用新媒体的能力，准确认识和掌握网络信息传播规律，从而更好地运用网络信息传播规律进行宣传工作。坚持与时俱进就是要把握时代变化、紧跟时代步伐、走在时代前列。在实践过程中不断更新发展理念，根据网络意识形态的形势变化适时调整网络宣传的内容和方式。建设网络强国，需要持续推进宣传理念创新，重点树立网络大宣传的工作理念。大宣传是指宣传思想工作跳出宣传思想工作部门的局限，打破宣传思想工作领域各方面工作的壁垒，打通宣传思想工作与经济建设、政治建设、文化建设、社会建设、生态文明建设以及党的建设甚至军队国防建设、外交等各方面的内在关联，形成全党动手抓宣传思想工作的大格局。坚持网络大宣传理念，需要确立与时代潮流、社会发展、人民期待相适应的宣传思想工作的大思路、大机制、大格局。

2. 推进网络宣传内容创新

宣传内容是网络宣传成败的关键因素。宣传的目的在于通过宣传

---

① 《习近平关于网络强国论述摘编》，中央文献出版社2021年版，第49页。

信息去影响并改变接受者与宣传不一致的态度。运用于网络意识形态斗争中主要在于要通过创新宣传内容来实现与错误思潮的斗争，占领网络意识形态斗争的主动权。宣传内容能否引起接受者的注意与兴趣，决定于接受者的需要，而宣传内容是否能够被接受者接受，则决定于接受者原有的认知结构。因此，网络意识形态斗争在进行宣传内容设计与推送的过程中，要能够与网民之间建立起有效畅通的联系。根据不同层次的受众群体设计不同的宣传内容。只有宣传的内容与接受者认知结构有若干相同的地方，才能更有效地提升网络宣传的效果。网络的快速发展使公众传播和接收信息的渠道发生极大变化，信息传播的速度和效率大大提升。公众既可以是信息的接受者，也可以成为网络信息的传播者。因此，要提升社会主流价值观的吸引力和接受度，需要将主流意识形态的内容传播与数字平台的特点相结合，不仅要传播为人民群众所喜爱的话语内容，而且要探索新的话语表达方式。在网络内容传播上，可以从以下三个方面展开积极探索创新：其一，充分发挥中华优秀传统文化凝聚感召的功能。中华优秀传统文化是中华文明发展过程中积淀下的优秀文化，是中华民族历史演进中形成的思想精华。在网络内容传播中积极弘扬中华优秀传统文化，不仅有助于增强文化自信，而且将进一步扩大中华文明在世界上的影响力。其二，充分发挥红色文化、革命文化的情感激励价值。革命文化是中国共产党在革命斗争中形成的一系列革命精神的具体体现。从红船精神到井冈山精神再到长征精神、抗战精神等，中国共产党的革命精神贯穿革命斗争的各个阶段。要在网络空间中积极传播红色文化、革命文化，这些宝贵的文化资源是激励人民群众爱国为民、勇于奉献、敢于斗争的重要载体。其三，充分发挥健康网络文化的思想引领价值。积极健康的网络文化是营造规范有序网络环境的需要，同时也是发展社会主义先进文化、满足人民群众精神文化需求的迫切需要。因此，在网络内容传播过程中，要坚持筛选发布健康向上的网络信息，努力营造文明有序的网络氛围。

3. 推进网络宣传方式创新

随着现代科学技术的迅猛发展，媒体格局、舆论生态、受众对象都在发生深刻变化，特别是互联网正在媒体领域催发一场前所未有的变革。网络媒体具有跨时空、大容量、开放性、交互性等传播特点，已经成为当前信息传播的重要渠道。因此，在推进网络信息传播的过程中，不能拘泥于传统媒体千篇一律的报道方式，要探索在宣传形式、方法、手段等方面进行创新。其一，针对各类群体的不同阅读习惯和接受程度，开展差异化、个性化传播，尽力做到精细化宣传，善于化整为零。我们的主流意识形态宣传要和日常生活相结合，要用老百姓能听得懂的语言进行传播。其二，要重视现代技术在内容传播上的应用。规范和创新算法推荐、人工智能、VR、AR等新技术的运用，丰富网络文化产品，将"嵌入式""沉浸式"宣传融入新平台新应用，推动新技术新应用新业态为正面宣传赋能。

四、加强网络意识形态斗争的能力建设

网络意识形态斗争的能力关系到网络意识形态斗争的成败。意识形态斗争在网络空间中表现出复杂性和隐蔽性的特点，迫切需要提升意识形态工作者对风险的鉴别处置和鉴别决策能力，练就意识形态斗争的本领。习近平总书记指出："建设网络强国，没有一支优秀的人才队伍，没有人才创造力迸发、活力涌流，是难以成功的。"[1]建立一支政治素质高、业务能力强的网络人才队伍，有助于增强意识形态传播能力，增强网络人才队伍在网络空间的影响力。意识形态能力是通过新的理论观念、理论概括、理论创新来辨别、引领、掌控社会思潮、社

---

[1]《习近平关于网络强国论述摘编》，中央文献出版社2021年版，第37页。

会主流意识的实际水平，主要体现为思想辨别力、理论创新力、共识凝聚力和话语支配力。[①]因此，要有效开展网络意识形态斗争，需要着重从以下三个方面下功夫。

（一）增强网络意识形态斗争能力要加强思想淬炼

政治上的清醒来自理论上的坚定，要加强对马克思主义基本理论的学习和习近平新时代中国特色社会主义思想的领会，为意识形态风险的鉴别提供理论给养，夯实理论根基。

1. 着重提升马克思主义理论水平

任何国家和社会空间中都存在着多元化的意识形态样式，但是总有一种主流意识形态在社会中居于主导地位。我国作为社会主义国家，马克思主义意识形态理应居于主导地位。随着网络信息时代的到来，多样和复杂的思想文化拥有了更加便捷的传播条件，网络空间逐渐成为意识形态斗争的最前沿、主阵地。因此，要净化网络空间的环境，确保在网络意识形态斗争中取得主动权，首要的就是要确立马克思主义意识形态在网络空间中的主导地位。在净化网络环境的过程中坚持马克思主义的指导性地位，这是网络意识形态斗争必须坚持的底线。只有提升马克思主义理论水平，才能更好地防范网络空间中出现的各种风险与挑战。网络风险防控能力强弱关系网络意识形态斗争的有效性。强大的风险防控能力能有效抵御外在的网络意识形态风险，切实把好网络意识形态安全阀。反之，薄弱的风险防控能力将会直接把网络空间阵地暴露于风险之下，严重时可能会影响社会稳定和国家长治久安。

2. 学习领会习近平新时代中国特色社会主义思想

习近平新时代中国特色社会主义思想是马克思主义中国化时代化的最新成果。只有坚持用习近平新时代中国特色社会主义思想强固理

[①] 朱继东：《新时期领导干部意识形态能力建设》，人民出版社2014年版，第2页。

想信念、砥砺初心使命，不断提高政治判断力、政治领悟力、政治执行力，才能在大是大非面前保持清醒，在大风大浪面前站稳立场，在大战大考面前经受考验。增强网络意识形态斗争能力需要在学习领会习近平新时代中国特色社会主义思想的基础上展开，在提升理论水平的同时与错误思潮进行斗争。

（二）增强网络意识形态斗争能力要加强政治历练

政治历练需要坚定的政治信仰、坚定的政治立场、正确的政治方向和忠诚干净担当的政治品格。加强网络意识形态斗争的能力建设，需要注重政治历练。

1. 网络意识形态斗争要增强政治定力

在网络意识形态斗争中要时刻绷紧政治这根弦，不断增强政治敏锐性和政治鉴别力，在大是大非面前旗帜鲜明、敢于亮剑，在危险考验面前无畏无惧、敢于向前。在对网络舆情要素、热点、态势进行处置的过程中，首先需要分类研判，才能有针对性地选择引导和处置方案。这就需要从政治立场出发注重区分不同类型和不同性质的网络意识形态，一方面，要大力弘扬主流意识形态，防止非主流意识形态过度侵占网络空间而影响公众的认知，及时引导公众认清网络舆情事件的本质。另一方面，要建立常态化的网络意识形态风险评估，对于非主流的意识形态要及时关注和评判其发展趋势，面对舆情危机要及时引导和处理；对于网络中存在的"意见领袖""大V"等引导网络舆论的一部分人员，要根据不同情况区别对待，即对一些致力于与党和国家同心同德的要积极鼓励、支持，对一些思想上有错误的要加强教育引导，但是对于长期站在党和国家对立面污蔑国家形象的要敢于斗争，严肃处理，决不能姑息纵容。

2. 网络意识形态斗争要强化政治担当

坚持从政治的高度来把握和思考问题，深刻认识进行网络意识形态斗争的长期性、复杂性和艰巨性，注重强化底线思维、风险意识，始终做到方向明确、大势清楚、全局掌握。舆论宣传阵地要有效传播党和国家的声音，维护马克思主义意识形态的主导地位，必须做到不断创新，以改革创新精神做好工作，以适应国内外形势的新变化、顺应人民群众的新期待。宣传方式关系宣传的吸引力和感染力，是宣传工作必须解决好的重大课题。网络意识形态斗争能力建设要在精准把握网络信息的传播特点、传播模式和发展趋势的基础上推动宣传方式的创新。其一，注重宣传形式的灵活多样。要根据网络信息的传播特点制定有效的网络信息的传播策略。相比于传统的报刊、广播和电视，网络信息的传播方式有很大的不同。互联网技术的网络信息传播特点主要表现出容量巨大、内容丰富、传播面广、接收选择个人化、传授过程交互性强等特点。这就要求人才队伍在进行网络意识形态斗争时，根据网络信息的传播特点来有针对性地制订恰当高效的信息发布方式。其二，注重宣传的现场感。增强网络意识形态斗争人才队伍的网络宣传能力，要善于推动工作方式创新，增强宣传的现场感和感染力，要善于研究各类受众群体的心理特点和接受习惯，准确进行舆情分析，主动设置议题，力求能够通过宣传方式对人民群众心理因势利导，引领社会思潮。网络意识形态斗争人才队伍要提升建设新媒体的能力，搭建多元的新媒体信息发布平台，探索互联网模式下的新闻宣传和舆论引导方法。

（三）增强网络意识形态斗争能力要加强实践锻炼

增强网络意识形态斗争能力要坚持在实践中锻炼，要提高政治观察力和信息敏感度，提高意识形态安全预判能力，全面预见可能发生的风险，及时抓住防范风险发生的先机，做到防患于未然。同时，要不断总结意识形态工作经验，从战略高度对意识形态风险进行鉴别处置，在风险即将爆发时果断决策，提前做好应急预案，整合各方力量，将风险消除在萌芽状态。网络意识形态斗争关系国家安全,要提升风险防控意识和能力,自觉同错误思潮做斗争,营造清朗的网络环境。

1. 牢固树立网络风险意识

现代社会风险频发,风险渗透到社会发展的各个领域,意识形态风险作为社会风险的构成要素之一同样值得关注。党的十八大以来,国际形势日趋复杂,改革发展中面临的任务艰巨繁重、意识形态斗争的任务日益严峻。随着意识形态工作从现实社会向网络空间的扩展,网络意识形态工作的风险需要格外关注。网络意识形态工作是一项关系国家安全和长治久安的工作。网络意识形态风险主要表现为多样性和隐蔽性的特点。新时代,我国网络意识形态面临着多种风险和挑战,其中包括西方意识形态渗透的风险、非主流意识形态侵占主流意识形态空间的风险、网络意识形态话语权建设不足的风险和网络意识形态共同体建设不到位的风险,等等。因此,要提升人才队伍的风险意识,切实认识到网络意识形态工作和意识形态斗争的迫切性。

2. 提升网络风险防范意识

凡事预则立,不预则废。面对网络时代的各种风险挑战,要充分发挥主观能动性,积极预防应对,对可能遭遇的风险展开积极防御。一方面,提升网络风险防范意识,要树立底线思维。网络意识形态斗争要提升风险预判的认知水平,结合互联网的信息传播规律和网络意识形态特点,动态地分析和判断所有风险,找出其中关键性和影响全局的主要因素。另一方面,要大力培育和弘扬斗争精神。在千变万化的网络环境中始终存在着与主流意识形态相背离的社会思潮,这就需要主动发扬斗争精神,善于和敢于同错误思潮做斗争。"要敢抓敢管,敢于亮剑,着眼于团结和争取大多数,有理有利有节开展舆论斗争,帮助干部群众划清是非界限、澄清模糊认识。"[1] 面对那些恶意攻击党的

---

[1] 《习近平关于网络强国论述摘编》,中央文献出版社2021年版,第50页。

领导、攻击社会主义制度、歪曲党史国史等大是大非和政治原则问题，必须立场坚定、态度鲜明，敢于站在风口浪尖和斗争最前沿，敢于担当、敢于亮剑、敢于斗争，决不能含糊其辞，更不能退避三舍；面对错误思想认识，要分清其性质和错误的程度，研究其思想实质和社会影响，有理有节有力地予以回击；面对极端错误思潮，必须时刻保持战斗意识、阵地意识，具有主动出击能力，坚决采取措施，遏制错误思想流传，消除其影响；对消极文化现象，要进行科学研判，及时予以教育引导和矫正，使广大民众分清是非美丑。

3. 提升网络风险监管能力

网络监管能力主要是对网络内容的生成、传播和发挥效用的过程进行管理和监督，以规避其可能存在的负面影响，从而使网络内容的建设和发展符合正确的目标和方向。新时代，随着网络内容的增多和形式的日趋多样化，给网络监管带来了新的挑战，监管网络内容，净化网络环境，减少不良信息造成的危害，才能在网络意识形态斗争中取得主动权。通过现代科学技术，实时监控网络舆情，封锁过滤不良信息，对网络"大V"等重点人群进行监督管理，严格控制网络舆情的生成发酵，构建网络意识形态安全运行机制。借助网络信息技术加强对网络意识形态的审核和监测。在建设网络强国的过程中，网络环境下舆情信息数量巨大，仅依靠人工方法很难应付，所以需要运用现代化科技手段对网络意识形态进行挖掘处理，目的在于实现自动化地主动应对网络意识形态。借助网络信息技术积极对网络信息进行监测是实现网络监管的关键一环。其一，完善网络审查制度。通过数据挖掘技术及时收集海量的数字信息，过滤有害、有毒信息，排查和过滤一些垃圾网站，建立黑名单网站信息库。其二，通过信息过滤软件或者数据加密技术禁止虚假信息、错误信息、垃圾信息及其他不良舆论的传播。其三，建立网络信息跟踪系统，随时把握网上信息动态，运用网络技术对网络信息进行科学监控，积极主动了解国内外网络信息的新情况、新动向，精准分析其中的政治立场和价值取向，实现对数字信息内容的有效过滤、对潜在数字意识形态安全风险的动态监测预警。

在监管的基础上实现有效地引导和处置机制。增强网络意识形态斗争过程中的网络监管能力，需要在监测、研判的基础上制定高效的引导处置机制。其一，要引导搭建数字平台主动履责的道德秩序。"要压实互联网企业的主体责任，决不能让互联网成为传播有害信息、造谣生事的平台。"[①]通过制定数字平台自律公约、推动成立数字平台行业协会，引导数字平台自觉审查平台中的数字信息内容，主动履行维护我国网络意识形态安全的企业责任，推动数字平台健康有序发展。其二，要注重运用社会主流价值观引导现代网络技术的发展。运用社会主流价值观来引导技术的应用，主要表现为要巧妙运用现代技术监控网络舆论状态，封锁过滤不良信息，自觉弘扬社会主义核心价值观，重点关注和监督意见领袖等群体。其三，要依法依规处理在网络空间中危害国家安全、社会安全和公共安全的有害信息和错误思潮。当前，我国已经出台了《中华人民共和国网络安全法》《全国人民代表大会常务委员会关于维护互联网安全的决定》《关于进一步加强互联网管理工作的意见》等文件。在依法处置的同时要及时进行舆论引导，澄清事实，防止引发进一步的网络意识形态安全风险。只有在网络意识形态斗争中搭建起体制化的引导和处置流程，才能更好地推动网络意识形态斗争走向规范化、制度化的轨道。

---

① 《习近平关于网络强国论述摘编》，中央文献出版社2021年版，第57页。

第六章

以信息化驱动中国式现代化

中国式现代化，是中国共产党领导的社会主义现代化，既有各国现代化的共同特征，更有基于自己国情的鲜明特色：它是人口规模巨大的现代化、全体人民共同富裕的现代化、物质文明和精神文明相协调的现代化、人与自然和谐共生的现代化、走和平发展道路的现代化。当前，中华民族伟大复兴战略全局、世界百年未有之大变局与信息革命的时代潮流发生历史性交汇，而信息化大大丰富了中国式现代化的时代背景、驱动力量、建设目标和实践路径。我们正面临千载难逢的全面建设社会主义现代化国家历史机遇，必须深刻把握中国式现代化的中国特色、本质要求、重大原则，坚定不移以信息化推进中国式现代化，在全面建设社会主义现代化国家新征程上奋力谱写网络强国建设新篇章，为中华民族伟大复兴贡献力量。

一、担负起以信息化推进中国式现代化的历史使命

党的十八大以来，习近平总书记立足信息化发展大势和国内国际两个大局，明确提出"没有信息化就没有现代化"[1] "以信息化驱动现代化"[2] 等重大论断，深刻论述了信息化与中国式现代化的一系列重大理论和实践问题，深刻阐明了信息化在社会主义现代化建设全局中的重要地位和作用。

（一）信息化为中华民族伟大复兴带来了千载难逢的机遇

自20世纪计算机及其网络相继诞生以来，代表性的信息技术，如

---

[1] 《习近平著作选读》第2卷，人民出版社2023年版，第147页。
[2] 习近平：《以信息化培育新功能　用新动能推动新发展　以新发展创造新辉煌》，《人民日报》2018年4月23日。

计算机技术、通信技术和网络技术等，都经历了迅猛的发展。互联网的应用在全球范围内迅速普及，引发了一场信息技术的革命浪潮。无可争议的是，自工业革命开始以来，信息革命成为影响最为深远和广泛的历史性变革，它对经济社会的进步以及人们的日常生活和生产方式都产生了前所未有的深远影响。

计算机和互联网作为20世纪最杰出的技术创新，成功地将这个曾经遥远的世界转化为一个"鸡犬之声相闻"的全球社区，使得各国和各民族之间的联系和依赖程度得到了前所未有的加强。从20世纪八九十年代起，伴随着计算机和网络技术的广泛应用，信息技术在全球各国的发展策略中变得日益关键。无论是经济发达的国家还是正在发展的国家，他们都已经深刻地意识到信息化已经变成了全球经济和社会进步的一个突出标志，并且正在逐渐走向一个全面的社会转型。由于信息化的推动，世界权力图谱得以重新构建，而互联网已经崭露头角，成为对全球产生重大影响的关键因素。因此，全球的主要国家都将信息技术视为其国家策略的核心和首要的发展目标。是否能够适应并领导互联网的进步，并将信息技术与社会进步紧密融合，这已经成为决定一个大国兴衰的核心因素。

在这个社会万物相互连接并逐渐走向智能化的时代，信息技术已经毫无疑问地成为各国重塑国际竞争格局的关键力量，同时也是大国间综合国力竞争的重要筹码。在近代的中国，由于历史上的闭关锁国和落后，错过了工业革命的绝佳时机，但始终没有放弃追求世界科技之巅的梦想，也绝不能错过信息革命带来的历史性机遇。

习近平总书记深刻强调："信息化为中华民族带来了千载难逢的机遇。"[①]"当今时代，数字技术、数字经济是世界科技革命和产业变革的先机，是新一轮国际竞争重点领域，我们一定要抓住先机、抢占未来

---

① 《习近平关于网络强国论述摘编》，中央文献出版社2021年版，第42页。

发展制高点。"①伴随着信息技术的持续进步，全球正经历一场信息化和数字化的大潮，其创新性、渗透力和影响力都在逐渐增强。这在全球范围内不断带来新的变革和机会，加速信息化的进程和推进数字化转型已经成为赢得先机和未来成功的关键策略。当下，时代的变迁正在以一种前所未见的模式进行。新一波的信息技术革命引发了全球性的产业转型，科技创新进入了一个高度活跃和密集的阶段，使得信息技术领域逐渐成为各国在竞争中的战略焦点。在这场巨大的变革中，信息技术和数字技术已经成为重塑全球资源、重塑全球经济布局、重塑全球竞争格局的核心力量，数字领域已经成为大国间竞争的前沿和新的竞技场。

科技的每一次革命和产业的转型，都给国家和整个社会带来了深远和巨大的变革。是否能够紧跟时代的步伐并适应不断变化的发展趋势，这直接影响到民族、国家和政党的兴衰。习近平总书记指出："我国曾经是世界上的经济强国，后来在欧洲发生工业革命、世界发生深刻变革的时期，丧失了与世界同进步的历史机遇，逐渐落到了被动挨打的境地。特别是鸦片战争之后，中华民族更是陷入积贫积弱、任人宰割的悲惨状况。想起这一段历史，我们心中都有刻骨铭心的痛。"②立足新的历史方位，习近平总书记指出，"没有信息化就没有现代化"，"我们必须抓住信息化发展的历史机遇，不能有任何迟疑，不能有任何懈怠，不能失之交臂，不能犯历史性错误"③。

以习近平同志为核心的党中央引领信息化发展，推动了我国关键核心技术的持续突破。数字经济呈现出旺盛的发展势头，信息基础设施实现了跨代的跨越，信息化的发展成果惠及了亿万人民。因此，信息化已经成为推动经济和社会高质量发展的新动力和新引擎，网络强

---

① 《习近平谈治国理政》第4卷，外文出版社2022年版，第206页。
② 习近平：《论党的宣传思想工作》，中央文献出版社2020年版，第191页。
③ 《习近平关于网络强国论述摘编》，中央文献出版社2021年版，第43页。

国、数字中国、数字政府和智慧社会的未来愿景已经变得越来越清晰。在习近平新时代中国特色社会主义思想,特别是习近平总书记关于网络强国的重要思想的指导下,在以习近平同志为核心的党中央的坚强领导下,我们将紧紧抓住这一难得的历史机遇,紧紧把握数字化变革的历史主动权,努力打造数字中国的新发展优势,以百倍的信心迎接新的挑战和任务,为实现中华民族伟大复兴的中国梦提供强大的信息化支持。

(二)没有信息化就没有现代化

党的十八大以来,习近平总书记高度重视信息化对经济社会发展的驱动引领作用,多次强调要加强信息基础设施建设,打好关键核心技术攻坚战,让互联网更好造福人民。我们必须抓住信息化发展的历史机遇,不能有任何迟疑,不能有任何懈怠,不能失之交臂,不能犯历史性错误。

为了推动民族的伟大复兴,我们必须与社会信息化的发展趋势保持一致。习近平总书记指出:"从社会发展史看,人类经历了农业革命、工业革命,正在经历信息革命。"[1] 在现代社会中,信息技术起到了不可或缺的作用。伴随着科技的持续发展,信息技术已经渗透到多个行业和领域中,这不仅对我们的日常生活带来了深远的影响,同时也为社会的进步和发展注入了强大的推动力。在中国,信息化意味着在国家的统一规划和组织下,将农业、工业、教育、科学技术、国防和社会生活等多个领域与现代信息技术结合起来,深度开发和广泛利用信息资源,以加速国家的现代化进程。目前,全球各国都视信息化和数字化建设为影响国家未来命运的基础性战略项目。信息技术正在触发现代世界的深度变革,并在重塑全球的政治、经济、社会、文化和军

---

[1] 习近平:《论党的宣传思想工作》,中央文献出版社2020年版,第191页。

事发展格局中起着至关重要的作用。[①] 特别是在互联网时代，各国的信息化战略已经发展成一个万物互联、深度融合、跨域渗透、整合汇聚、相互促进的信息化新模式。显然，信息化不只是21世纪现代化进程中的一个显著标志，它也是全球经济和社会发展的一个突出特点，并正在逐渐演变为一场全面的社会变革。在当前信息技术飞速发展的时代背景下，我们有责任根据形势制定策略、适应变化、顺应趋势，把握信息化建设和发展的有利时机，确保经济和社会发展的信息通道畅通无阻。

为了促进"四化"的同步进展，"信息化"需要最大限度地发挥其加速和催化的功能。党的十八大报告明确表示，我们需要"推动工业化、信息化、城市化和农业现代化的同步进展"。这一战略决策是基于对"四化"的重要性、相互关联性以及存在的问题进行科学分析而作出的。中国的现代化进程遵从全球现代化的普遍规律，并将工业化、信息化、城市化和农业现代化整合为现代化建设的核心内容。与西方国家按照"工业化、城镇化、农业现代化、信息化"的"串联式"发展模式不同，如果我们想要超越前者，找回"失去的二百年"，就必须选择一种"并联式"的发展模式，即工业化、信息化、城镇化、农业现代化在时间上同步演进、空间上一体布局、功能上耦合叠加，重视"四化"的协调并进、相互赋能。目前，代表着新一代信息技术如人工智能和大数据的第四次工业革命正在稳步向前发展。为了推进具有中国特色的现代化进程，我们必须紧紧抓住全球信息化和数字化转型这一历史性的机会，以便在未来的发展道路上抢占先机并取得优势。利用信息技术为新型的工业化进程注入了强大动力。例如，通过采用先进的数字化设备、工业软件和行业综合解决方案，可以对传统的设施、装备和生产工艺进行改造，从而推动传统的工业制造模式向

[①] 刘京蕾：《互联网时代的全球主要国家信息化战略》，《互联网周刊》2015年第10期。

数字化、网络化、智能化和服务化的方向转变；借助云计算、大数据、物联网、人工智能和5G通信技术等先进的信息技术，我们在量子信息和生物医药等前沿科技及产业变革领域进行了战略性新兴产业和未来产业的规划和布局。利用信息技术为新型城市化的建设提供了关键支持。通过信息技术的应用，我们可以提高新型城市化的公共服务质量，促进新型城市化管理模式的创新，致力于实现公共服务的平等化和普及化，确保居民能够享受到更为便利和高效的服务，同时也能提高城市管理的细致度和智能化水平，从而改善居民的生活质量。利用信息技术为农业的现代化进程注入了决定性的推动力。通过将信息技术深度融入农业产业链的每一个环节，我们可以促进农业生产的变革，推动农业经营的创新，并促进农业产业的融合；推动信息技术与农业生产之间的紧密结合，不仅可以改变农业生产的资源配置，还可以进一步细化农业生产的设备和服务，从而通过农业生产的变革助力农业走向现代化。综合来看，信息化凭借其强大的信息处理能力，推动了工业化、城市化和农业现代化之间的信息交流和共享，确保了各种资源、技术和经验在四化进程中得到高效传递，进而加快了四化的整合速度。

　　走向信息化是建设网络强国的关键核心。以习近平同志为核心的党中央深入理解网络时代的发展方向和规律，因此提出了网络强国建设这一重要的战略部署。为了实现成为网络强国的战略愿景，信息化建设被视为引领和核心要素。仅当我们充分利用信息化为我国带来的持续且巨大的发展机会，并积极地占据信息化的优势地位时，我们才能成功地从一个网络大国转型为网络强国。信息化不仅是我国打造网络大国的关键要素，同时也是推动创新驱动发展的必不可少的部分。在2016年7月发布的《国家信息化发展战略纲要》中，对国家信息化发展的整体状况进行了深入和全方位的剖析，并从更高层次的设计视角明确了国家信息化战略的未来走向，这也意味着国家信息化的进展已经步入了一个崭新的时期。我们必须紧紧围绕信息化建设这一核心，为其注入新的发展活力，确保信息化始终融入我国的现代化发展中，最大化地发掘信息化发展的巨大潜力，并利用信息化推动现代化进程，打造网络强国。

（三）建设网络强国是全面建成社会主义现代化强国的必然要求

随着网络信息技术的不断进步，全球已经转变为一个"地球村"，而国际社会也逐渐形成了一个经济、社会、文化和科技交织在一起的命运共同体。在新的时代背景下，大国之间的网络空间竞争已经从单纯的技术角逐进化到了更为复杂的话语和观念角逐。随着人工智能和大数据等新兴技术的广泛应用，全球正在经历一场新的科技革命。特别是当"Z世代"这一互联网原住民进入社会时，网络已经成为各国文化交流和策略争夺的关键场所。网络信息技术，作为基础技术，正在对全球的政治、经济、文化以及国家安全产生深远影响。尽管网络为全球各国带来了各种风险和挑战，但它同样为中华民族伟大复兴创造了难得的机会。目前，信息技术的革命正在快速地渗透到经济和社会的各个方面，数字化、网络化和智能化的发展也在加速，这已经成为持续推动和拓展中国式现代化的关键动力，也是构建国家竞争优势的战略支柱。因此，为了确保经济和社会的持续发展以及国家的稳健运营，我们必须确保我国的网络通信行业健康地向前发展；如果我们希望成为社会主义现代化强国，那么构建一个网络强国是不可或缺的。

网络强国战略是我们党在不断提升网络综合管理能力方面的关键支柱。新时代，网络信息行业的重要性和影响逐渐显现。习近平总书记指出，"过不了互联网这一关，就过不了长期执政这一关"，"要加强党中央对网信工作的集中统一领导，确保网信事业始终沿着正确方向

第六章
以信息化驱动中国式现代化

前进"[1]。当前，全球正在经历一个百年难遇的巨大转变，由于地缘政治的日益复杂化，网络在国家进步和社会发展中的角色变得越来越核心。互联网已经崭露头角，成为信息传递、经济增长以及社会互动的关键平台。如果我们不能在网络技术方面取得领先地位，并致力于建设网络强国，那么我们将无法满足社会主义现代化强国的建设需求。因此，为了提升我们党在网络综合管理方面的能力，有必要致力于建设一个网络强国，这样才能确保我国能有效应对网络时代带来的各种挑战，并维护国家和社会的公共利益。

网络强国战略是加速塑造新的发展模式和积极促进高质量发展的关键动力。高质量发展是全面建设社会主义现代化国家的首要任务。为了加速我国在信息技术领域的核心突破，发挥信息技术在经济和社会发展中的主导作用，以及加速网络强国和数字中国的建设，这些都是推动我国经济走向新型工业化和构建现代化产业体系的关键动力。网络强国的策略旨在加速产业的网络化步伐，并促进制造业朝向更高端、更智能、更环保的方向发展；为了促进战略性新兴产业的融合和集群发展，我们正在构建包括新一代信息技术、人工智能和生物技术在内的新型增长动力。这将有助于建立一个高质量且高效的服务业新架构，并进一步发展物联网，以确保流通系统的高效和流畅性；推动数字经济与实体经济的深度整合，以构建具有全球竞争力的数字产业集群。2023年3月，中共中央和国务院发布了《数字中国建设整体布局规划》，该规划提出了"两大基础""五位一体""两个能力"和"两个环境"的全面布局，这是为了全面实施新的发展观念和推进网络强国战略，为全面建设社会主义现代化国家打下坚实的物质和技术基础。[2]

网络强国战略是推进国家安全体系和能力现代化、维护国家安全和社会稳定的重要支柱。如今，网络安全所带来的威胁和风险变得

---

[1] 习近平：《论党的宣传思想工作》，中央文献出版社2020年版，第304页。
[2] 郎平：《深刻把握网络强国战略的重大意义和实践要求》，《旗帜》2023年第6期。

越来越明显，并且这些威胁和风险正在逐渐渗透到政治、经济、文化、社会、生态和国防等多个领域，对国家安全产生的战略和整体影响也越来越明显。从一方面看，互联网逐渐转变为意识形态斗争的核心场所、主要战场和前线。掌握网络意识形态的主导权，即是维护国家的主权和政权，而依法进行网络管理和运营则是国家网络主权的关键表现；从另一方面看，网络攻击和网络犯罪等安全问题仍在持续蔓延。关键的基础设施安全直接关系国家的经济增长和社会稳定。因此，强化科技力量、提高国家军事智能化水平、建立坚固的国家网络安全防线，以及增强网络安全的防御和威慑能力，都是国家安全能力现代化建设的核心议题。在数字化的时代背景下，数据已经成为国家经济增长的关键生产要素和核心战略资源。人工智能已经崭露头角，成为推动科技变革和产业转型的关键技术，确保了国家数据和人工智能的安全性、可靠性和可控性。对于国家的整体安全和发展策略，人工智能起到了至关重要的作用。

网络强国战略是促进世界和平与发展、推动构建人类命运共同体的重要支撑。随着新一轮科技革命和产业变革的持续深化，国际力量对比深刻调整，一个全新的、全面的综合国力竞赛正在全球范围内展开；随着网络空间的主导权和制网权的竞争日益加剧，全球的权力结构可能会在信息化时代经历重塑。是否能够适应并领导信息时代的进步，已经成为决定一个大国兴衰的核心因素。通过实施网络强国战略，我们可以在国内建立起参与国际竞争的新优势，这将为我国在日益加剧的大国竞争中维护国家主权、安全和发展利益奠定坚实的物质基础；我们的对外合作将鼓励我国更加积极地参与网络空间的国际交流和合作，深化对网络空间国际治理进程的参与，推动全球互联网治理体系向更加公正和合理的方向发展，共同努力构建一个和平、安全、开放和合作的网络空间环境，共同努力构建一个网络空间命运共同体。目前，网络空间与实际生活空间的深度融合正在加速，网络空间在人们日常生活中所占的比例和重要性也在不断上升。网络空间命运共同体不仅是人类命运共同体理念在网络空间中的具体表现,也是构建人类命运共同体的一个重要组成部分。它为人类命运共同体的建设提供了强大的数字化动力,构建了坚固的安全屏障,并促成了更广泛的合作共识。

二、把握以信息化推进中国式现代化的历史主动

信息技术为中国的现代化进程注入了新的活力,丰富了其时代背景、实践方法、动力来源和建设目标,为全面建设社会主义现代化国家和推动中华民族伟大复兴创造了难得机遇。在新的历程中,我们必须始终坚守、不断发展和加深中国式现代化这一重要的理论和实践成果。我们需要认真回顾信息化发展所取得的成果和宝贵经验,坚定历史自信,增强历史主动,加速信息化的发展步伐,确保信息化的发展趋势能够转化为加速经济社会发展、提升综合国力、推动社会主义现代化建设的强大动力。

(一)中国式现代化是一代代中国人孜孜以求的美好夙愿

党的十八大以来,以习近平同志为核心的党中央,审时度势,对中国式现代化问题进行了深入研究和深邃思考,在回顾世界历史和总结我国现代化历程,特别是在总结新时代实践创新的基础上,提出了中国式现代化的重大命题。党的二十大报告在擘画新时代新征程的宏伟蓝图时,概括提出并深入阐述中国式现代化理论,这是党的二十大的一个重大理论创新,是科学社会主义的最新重大成果。

中国的现代化进程代表了中华民族长久以来的愿景和盼望,其历史遗产深厚且影响深远。追求现代化不仅是自近代以来全球各国持续不断的追求目标,更是中华民族儿女长久以来的愿望。100多年前,孙

中山深入思考如何"振兴中华",并在其著作《建国方略》中为近代中国谋求现代化绘就了首份蓝图,其中包括建设160万公里的公路、约16万公里的铁路、3个世界级的大海港以及三峡大坝等重要项目。在那个时代,这种愿景被外国记者认为是不切实际的幻想。新中国刚刚成立,中国共产党便明确提出将构建社会主义现代化国家作为其核心目标。毛泽东指出,我们的任务"就是要安下心来,使我们可以建设我们国家现代化的工业、现代化的农业、现代化的科学文化和现代化的国防"[①]。改革开放以来,邓小平号召:"我们从八十年代的第一年开始,就必须一天也不耽误,专心致志地、聚精会神地搞四个现代化建设。"[②]进入新时代,习近平总书记强调:"世界上既不存在定于一尊的现代化模式,也不存在放之四海而皆准的现代化标准。"[③]我们推进的现代化,是中国共产党立足中国实际,团结带领中国人民开辟的中国式现代化道路。一代代流传下来的现代化规划,不断鼓舞着中华民族朝着实现伟大复兴的中国梦稳步前进。进入新时代,经过不懈努力,我国整体国力得到了显著增强。我国国内生产总值经历了从53.9万亿元到134.9万亿元的跨越式增长,人均国内生产总值也从3.98万元上升到9.57万元。根据国际货币基金组织(IMF)的数据,2024年中国国内生产总值(GDP)预计将占全球经济总量的18%~19%。作为全球第二大经济体,我国的地位已经得到了进一步的稳固和提升。在全球范围内,制造业的规模和外汇储备都稳居首位。成功构建了全球最庞大的高速铁路网和高速公路网,同时在机场、港口、水利、能源和信息等基础设施方面也取得了显著进展。我国在经济、科技和整体国力上取得了显著进步,中华民族迎来了从站起来、富起来到强起来的历史性转变,这标志着我们进入了全面建设社会主义现代化国家的新阶段。新时代以来

---

① 《毛泽东文集》第8卷,人民出版社1999年版,第162页。
② 《邓小平文选》第2卷,人民出版社1994年版,第241页。
③ 《习近平谈治国理政》第4卷,外文出版社2022年版,第123页。

第六章
以信息化驱动中国式现代化

的伟大变革,在党史、新中国史、改革开放史、社会主义发展史、中华民族发展史上都具有里程碑意义。

中国的现代化进程是中国人民辛勤努力的结晶,其实践成果令人瞩目。这是一项宏伟且充满挑战的任务,许多前辈都付出了巨大的努力和克服了重重困难,成功推动和扩大了现代化的步伐。2020年10月,习近平总书记在参观汕头开埠文化陈列馆的时候,站在《建国方略》规划图前方,深有感触地说:"只有我们中国共产党人实现了。"[1] 如今,我们不只是完成了孙中山的现代化目标,更是实现了经济的快速增长和社会的长期稳定,用几十年时间完成了西方发达国家几百年走过的工业化进程。尤其在新时代的背景下,中国成功按计划完成了全面小康社会的建设,并迎来了从站起来、富起来到强起来的伟大飞跃。中国经济总量约占全球GDP总量的18%,稳居世界第二;人均国内生产总值已经达到1.3万美元,接近高收入国家的标准;主要农业和工业产品产量一直保持在全球领先水平,为14亿多人口提供了稳定的粮食和能源保障;2024年城镇化率达到67%,已经超越了全球的平均标准;在全球范围内,中国制造业规模和外汇储备都稳居世界第一;成功构建了全球规模最大的高速铁路网、高速公路网以及5G网络;高铁、第三代核电、载人航天、火星探测、北斗导航等已经成为国家的新名片,而人工智能、区块链、量子通信、智能驾驶等新技术的开发和应用已经走在了全球前列;在全球范围内,全社会研发经费支出排名世界第二,研发人员总量位居世界首位。同时,国内发明专利和PCT国际专利申请量位居全球之首,全球创新指数的排名提升至第11位;一些关键核心技术实现了重大突破,成功进入了创新型国家行列;在全球范围内,中国数字经济规模排名第二,而电子商务和互联网医疗等新兴业态为亿万人提供了灵活的工作机会;中国成为150多个国家和地区

---

[1]《"强国建设、民族复兴的唯一正确道路"》,《人民日报》2023年2月10日。

的主要贸易伙伴，货物贸易总量在全球排首位；在世界500强排名中，中国企业数量连续四年稳居全球首位；中国的营商环境在全球190个经济体中排名第31位；2023年我国的人均预期寿命为78.6岁，这一数字比美国的78.4岁还要高；成功构建了全球最大规模的教育、社会保障和医疗卫生体系。在现代化的道路上，中国人民感受到的获得感、幸福感和安全感都变得更为丰富、更具保障性和更具持续性。

　　中国的现代化进程预示着民族复兴的方向和未来，其发展方向是不可逆的。新时代十年来，中国经历了深刻变革，这使得我们拥有了更为完善的制度保证、更为坚实的物质基础、更为主动的精神动力，中华民族正以不可阻挡的步伐迈向伟大复兴。党的二十大报告明确指出，到2035年，我们的目标是基本实现社会主义现代化，经济实力、科技实力和综合国力大幅跃升，同时人均国内生产总值也能迈上新的更高台阶，达到中等发达国家的标准等；到本世纪中叶，我们的目标是把我国建成富强民主文明和谐美丽的社会主义现代化强国。为了达到上述目标，我们必须始终坚守中国式现代化的核心理念，坚定地拥护中国共产党的领导，坚守中国特色社会主义道路，追求高品质发展，全面推进人民民主进程，丰富人民精神文化生活，确保全体人民共同富裕，促进人与自然和谐共生，努力构建人类命运共同体，并创造人类文明新形态。我们必须坚定地遵循推动中国式现代化的核心原则，加强对潜在风险的认识，坚守底线思维，始终保持警惕，以应对可能出现的各种巨大挑战。我们必须全力以赴地完成中国式现代化的首要任务，全面而准确地贯彻新发展理念，建立高水平社会主义市场经济体制，发展现代化产业体系，全面推动乡村振兴，促进区域协调发展，推动高水平对外开放，加速构建新发展格局，努力实现高质量发展。①

---

① 唐宇文：《深入理解中国式现代化的丰富内涵》，《新湘评论》2022年第23期。

风好帆正悬，奋进正当时。如今，我们比历史上任何时期都更接近中华民族伟大复兴的目标，比历史上任何时期都更有信心、更有能力实现这个目标，同时我们也必须做好准备，付出更加艰巨和艰苦的努力。我们必须深化对党的二十大和二十届二中、三中全会精神的学习和实践，以站在时代前沿的勇气和创新的决心，持续研究和丰富关于中国式现代化的宏伟理论。同时，我们也应当积极投身并不断拓展中国式现代化的伟大实践，为不断推进中国式现代化的新发展贡献我们的智慧和力量，并为推动全球现代化进程提供更多更优质的中国方案。

（二）新时代网络强国建设欣欣向荣

党的十八大以来，以习近平同志为核心的党中央主动顺应信息革命发展潮流，高度重视、统筹推进网信工作，推动网信事业取得历史性成就，发生历史性变革。习近平总书记举旗定向、掌舵领航，提出一系列具有开创性意义的新理念、新思想、新战略，形成了内涵丰富、科学系统的关于网络强国的重要思想。在这一重要思想的指引下，我国正从网络大国向网络强国阔步迈进。

1. 党对网信工作的集中统一领导坚实有力

以习近平同志为核心的党中央，站在巩固党的长期执政地位的政治高度，强调"过不了互联网这一关，就过不了长期执政这一关"[①]，将党对互联网的管理视为重要的政治原则，科学把握互联网管理的全局性、系统性、协同性特点，改革和完善互联网管理的领导体制机制，努力加强党中央对网信工作的集中统一领导。对领导结构进行完善。中央网络安全和信息化领导小组（后来更名为中央网络安全和信息化委员会）是由习近平总书记亲自领导、指挥和部署的，其主要任务是加强网络信息领域的顶层设计、整体布局、统筹协调、整体推进和督

---

① 《习近平著作选读》第1卷，人民出版社2023年版，第453页。

导实施。中央、省、市三个层级的网络信息工作体系已基本形成，县级的网络信息机构建设也在稳步推进，基本构建了"一张网"和"一盘棋"的工作格局。强化高层次的规划设计。已经制定并发布了《关于加强网络安全和信息化工作的意见》《国家网络空间安全战略》《国家信息化发展战略纲要》及"十四五"相关规划等多份文件。这些文件旨在完善各个领域和多层次的协调机制，并统筹推动网络信息领域的重要任务、重大项目和重点工程的进展。加强政治上的责任感。起草并执行《党委（党组）网络意识形态工作责任制实施细则》和《党委（党组）网络安全工作责任制实施办法》，确保网络意识形态工作责任制和网络安全工作责任制得到严格落实，确保党对互联网的管理真正落到实处。[1]

2. 网络空间主旋律和正能量更加高昂

鉴于互联网给意识形态工作带来的新的课题和挑战，以习近平同志为核心的党中央从开展具有许多新的历史特点的伟大斗争出发，将网络舆论工作视为宣传和思想工作的首要任务。全国网信系统始终坚信，正能量是首要任务、管理得当是关键、有效使用是真本事，并始终保持网络意识形态工作的主导地位和决策权，确保党的声音在网络环境中始终是最有力的声音。我们需要加强思想的引导作用，始终将习近平新时代中国特色社会主义思想的在线宣传视为首要任务。围绕习近平总书记的重要会议、讲话和活动，我们需要创新表达方式，增强互动引导，全面、多角度地展示习近平总书记的领导风范，并鼓励广大网民真正加强对"两个确立"的坚定拥护，确保他们在思想上政治上行动上都有自觉性。为了强化主流的公众舆论，我们坚持守正创新的原则，确保网上的重要主题宣传和议题设置得当，每年都有超100个主题宣传项目得到统一推进，并展现出各种亮点。举办中国正能量、

---

[1] 庄荣文：《顺应信息革命时代潮流　奋力推进网络强国建设》，《网信军民融合》2022年第4期。

"五个一百"网络精品征集、评选、展播活动,并构建了"正能量稿池",以挖掘和推广一系列现象级的新媒体作品,从而使正能量能够得到迅速广泛的传播,成为主流思想阵地的最强音。为了塑造一个可信、可爱、可敬的中国形象,我们不断加强并优化网络国际传播工作。始终坚守网络阵地,加强风险意识和底线思维,建立和完善网上舆情引导工作机制和网上风险防范机制。我们敢于挺身而出、勇于斗争,坚决批驳历史虚无主义和其他错误的思想观点,坚决清除网络上的各种违法、违规、有害信息,加强网络举报处理,有力维护了网络意识形态安全。

3. 网络综合治理体系日益完善

党的十八大以来,网络综合管理体系逐渐得到了完善。全国网络信息系统正在积极推动《关于加快建立网络综合治理体系的意见》的实施,以深化网络生态管理。持续开展"清朗"系列专项行动,针对饭圈乱象、互联网账户信息、网络暴力等突出问题开展了30多项专项治理,同时也加强了对低俗、暴力等问题的日常监管。自2019年起,清理了超过200亿条违法和不良信息,这一行动得到了众多网民的热烈响应和高度评价。为加强网络文明建设,积极推动了《关于加强网络文明建设的意见》的发布,并创办中国网络文明大会。我们致力于培育和践行社会主义核心价值观,并努力推进中国好网民工程和网络公益工程,同时也加强了网络诚信建设,以营造一个清朗的网络生态环境。2023年7月举办的中国网络文明大会公布了《中国网络文明发展报告2023》,该报告揭示了我国的网络生态环境正在逐渐变得更加明朗,并已基本构建了网络综合管理体系。各种问题和乱象已经得到了有力整顿,网络辟谣和网络举报等工作机制也在不断完善,网络生态环境也在持续向好。

4. 网络基础设施建设步伐加快

在全球范围内,我国网民数量和顶级域名的注册数量都位居首位。在全球范围内，我国互联网的发展程度排名第二。全面推进"宽带中国"战略，成功构建了全球规模最大的光纤和移动宽带网络，光缆的总长度从2012年的1479万公里激增至2021年的5481万公里，实现了2.7倍的增长。[1] 从2012年至2021年，中国网民数量从5.64亿增加到10.32亿，同时互联网普及率也从42.1%上升到了73%。中国建成全球规模最大5G网络和光纤宽带，5G基站数量达到185.4万个，5G移动电话用户数量也超过了4.55亿户。所有地级市全面建成光网城市，并且行政村和脱贫村通宽带率均已达到100%。[2] 截至2023年底，我国5G基站数量达337.7万个；随着移动物联网的迅速扩展，我国在全球主要经济实体中率先实现"物"连接数量超过"人"连接数；IPv6拥有地址数量居世界第二，IPv6活跃用户数达7.78亿[3]；全国数据中心总规模已经超越了650万的标准机架；在算力基础设施方面，已经达到了全球先进标准。我国新一代信息基础设施正在快速朝向高速泛在、天地一体、云网融合、智能便捷、绿色低碳、安全可控的方向发展。

5. 数字经济发展势头强劲

在过去十年中，我国数字经济产业经历了迅猛增长。我们已经初步建立了一个先进且完整的信息技术产业结构，某些领域实现了飞跃式的增长，技术进步和产业应用得到了双重推动，为数字经济提供了更为稳固的支持。我国经济规模连续数年位居世界第二，从2012年的11万亿元增长到2022年的50.2万亿元，占GDP比重由21.6%提升到41.5%。[4] 在全球范围内，电商交易量和移动支付交易的规模均居首位，

---

[1] 蒲晓磊：《我国数字经济取得举世瞩目发展成就》，《法治日报》2022年10月31日。
[2] 《中共中央宣传部举行新时代网络强国建设成就新闻发布会》，《工业信息安全》2022年第7期。
[3] 金歆：《在迈向网络强国的道路上阔步前进——网络强国建设十年成就综述》，《人民日报》2024年2月27日。
[4] 金歆：《在迈向网络强国的道路上阔步前进——网络强国建设十年成就综述》，《人民日报》2024年2月27日。

这进一步加强了数字产业化的基础，并加速了产业数字化进程。电信行业的收入从2012年的1.08万亿元激增至2023年的1.68万亿元；截至2023年6月，网上用户数量达到10.79亿，相较于2012年有了110%的增长。随着软件和信息技术服务行业、互联网以及相关服务行业的快速发展，国内操作系统、数据库和办公软件等基础软件的成熟度与国际主流产品之间的差距已经明显缩小，从而加速了从"可用"到"好用"的转变。人工智能行业的发展取得了显著的积极效果。截至2022年7月，我国人工智能核心产业规模超过4000亿元，企业数量超过3000家。智能芯片和开源框架等关键核心技术实现显著突破，智能传感器和智能网联汽车等标志性产品的创新能力也在持续增强，同时，人工智能专利申请量超过全球总量的一半。[①]

6. 信息领域核心技术不断突破

高性能计算保持优势，5G实现技术、产业和应用全面领先，北斗卫星导航系统则实现了全球组网。芯片自主研发能力逐渐增强，国内操作系统性能也有了显著提升，同时大数据、云计算、人工智能和区块链等领域的研究也取得了积极进展。[②]2023年，中国信息领域相关PCT国际专利申请近3.15万件，全球占比达37.32%。随着时间的推移，数字技术的研发资金持续增长，像量子计算原型机、类脑计算芯片和碳基集成电路这样的基础技术领域都实现了创新性突破。同时，人工智能、区块链和物联网等新兴技术领域也涌现出了许多自主的底层软硬件平台和开源社区，这使得关键产品的技术创新能力得到了显著增强，并逐渐展现出规模化的应用潜力。充分发挥我国新型举国体制优势和超大规模市场优势，持续优化产品链、价值链和创新链的连接，加强上下游之间的互动和衔接，以实现技术创新与实际应用之间的正

---

① 王政：《数字经济发展跃上新台阶》，《人民日报》2022年10月2日。
② 《中共中央宣传部举行新时代网络强国建设成就新闻发布会》，《工业信息安全》2022年第7期。

向循环。加强相关政策的支持和保障，打好科技、金融、财政、税收和产业等多个领域的政策"组合拳"。我们的目标是积极构建一个以企业为主体、以市场为导向、产学研用深度融合的技术创新体系，确保政策之间的协同、上下级的联动和资源的整合。①

7.信息惠民便民成效显著

习近平总书记指出："网信事业发展必须贯彻以人民为中心的发展思想，把增进人民福祉作为信息化发展的出发点和落脚点。"② 我国网民数量突破了10亿大关，构建了一个全球规模最大且充满活力的数字化社会，数字化生活方式已经成为广大人民的日常生活习惯。全国网信系统在数字政府和数字社会建设的支持下，持续提高公共服务的数字化、平等化和便捷性，以促进社会治理的精准和高效发展。当前，信息化服务全面普及，"互联网+教育"深入发展，"互联网+医疗"也有效地解决了普通民众的医疗问题。数字抗疫效果十分明显，数字政府、数字乡村建设也在持续进行中，全国一体化政务服务平台注册用户超过10亿人，实现了"最多跑一次""一网通办"和"异地可办"的目标。

8.网络安全建设多点发力

随着时间的推移，网络安全领域制度框架逐渐走向成熟。网络安全审查、云计算服务安全评估、数据安全治理、个人信息保护认证、安全风险评估等一系列重要制度已经建立，工业互联网、车联网、生成式人工智能等领域发布了370余项网络安全国家标准，网络安全领域的法规政策和制度标准体系持续完善，为各个行业和领域的网络安全建设提供了法律保障和标准指导。确保能力得到全方位增强。关键信息基础设施安全保护责任得到了进一步加强，各个行业、领域和单

---

① 庄荣文：《顺应信息革命时代潮流　奋力推进网络强国建设》，《网信军民融合》2022年第4期。
② 《习近平关于网络强国论述摘编》，中央文献出版社2021年版，第25页。

位都有了明确的分工和责任机制。网络安全风险评估、检测、预警监测以及应急处理能力持续增强，确保关键信息基础设施的安全保障体系得到深入推进。关键行业和领域数据安全管理能力不断增强，数据的分类和分级管理、核心数据以及关键数据的识别工作加速推进。同时，数据分级保护机制也在建立中，数据全生命周期安全、跨境数据流动安全管理以及数据安全风险评估等也持续得到加强。App在非法和不规范的个人信息收集与使用方面的专项整治正在持续进行，电信网络欺诈的预防和治理取得了前所未有的进展。[1] 与此同时，与网络安全技术相关的产业也在迅速壮大。网络安全技术创新能力得到了显著增强，一系列重大项目已经开始实施。网络安全监测预警、紧急处理、检测评估以及新技术和新应用的安全示范项目在有条不紊地进行，同时，拟态防御和可信计算等前沿技术和应用也取得了重大突破。网络安全产业园区的布局已经开始展现其效果。随着网络安全市场规模的不断扩大，一系列具备生态导向能力的杰出企业应运而生，从而使得"专精特新"中小企业群体得以快速壮大。网络安全专业人才培育在稳健推进中。顶级网络安全学院建设示范项目取得了显著成效，网络安全专业人才培养模式也在快速探索中，全国范围内已有数十所高等教育机构设立了网络安全学院，多所高校开设了网络安全本科专业。通过连续多年举办网络安全宣传周和常态化的宣传教育活动，成功传播了网络安全核心理念，普及了网络安全基础知识和实用技能，从而极大地提升了人民的网络安全意识和防护能力。

9. 网络空间法治化进程加快推进

党的十八大以来，我国网络法治方面取得了显著进展和重要成就，包括发布了网络安全法、电子商务法、数据安全法、个人信息保护法，以及《关键信息基础设施安全保护条例》《未成年人网络保护条例》和

---

[1] 张立：《筑牢国家网络安全屏障》，《红旗文稿》2024年第2期。

《生成式人工智能服务管理暂行办法》等100多部法律法规，基本构建了网络立法的"四梁八柱"体系；不断强化网络执法力度，坚决查处网络上的各类违法和违规案件；随着网络司法的不断深化和互联网法院的成立，智慧法院和智慧检务的推进速度也在加快；加强网络法律普及力度，探索"互联网+普法"新模式，并创新地创建"全国网络普法行"品牌[①]，有效提高了全社会对网络法治的认识和网络法治素养。在互联网发展治理实践中，中国立足本国国情，借鉴世界经验，形成了具有鲜明中国特色的法治治网之道。在全面建设社会主义现代化国家新征程上，中国始终秉持全面依法治国、依法治网的理念，致力于推动互联网依法有序健康运行以法治力量护航数字中国高质量发展，为网络强国建设提供坚实的法治保障。[②]

10. 网络空间国际合作深化拓展

2017年3月，外交部和国家互联网信息办公室发布首份《网络空间国际合作战略》，首次全面而系统地阐述了中国在网络空间国际交流和合作方面的立场，并向世界发出了中国致力于网络空间和平发展和合作共赢的积极信号。中国始终坚持互相尊重和平等对待的原则，并与全球各国积极进行网络空间的交流与合作。中俄在网络通信领域的高质量合作日益加深。2015年，两国签署了《中华人民共和国政府和俄罗斯联邦政府关于在保障国际信息安全领域合作协定》，这为双方在国际信息安全领域的合作提供了明确方向。2021年，双方再次强调了加强在国际信息安全领域的双边和多边合作的决心，并持续推动构建以防止信息空间冲突、鼓励和平使用信息技术为原则的全球国际信息安全体系。中欧在网络通信领域的合作正在顺利进行中。举办中欧数字领域高层对话，围绕加强数字领域合作，就通信技术标准、人工智能等议题进行务实和建设性讨论。与欧盟委员会合作创

---

① 金歆：《在迈向网络强国的道路上阔步前进》，《人民日报》2024年2月27日。
② 中华人民共和国国务院新闻办公室：《新时代的中国网络法治建设》白皮书，2023年3月。

建中欧数字经济和网络安全专家工作组,并连续召开多次会议。2012年,中欧网络工作组机制得以建立,双方在工作组框架下持续深化网络领域对话合作。中国与英国、德国、法国等国家开展双边网络事务对话,并进一步加强了与欧洲智库的交流与对话。加强与周边广大发展中国家在网络信息领域的合作。持续促进中国与东盟国家在数字领域的合作,建立中国—东盟网络事务对话机制。构建中日韩三方网络磋商机制,与韩国联合主办中韩互联网圆桌会议。举办中非互联网发展与合作论坛,公布"中非携手构建网络空间命运共同体倡议",提出了"中非数字创新伙伴计划"。举办中古(古巴)互联网圆桌论坛和中巴(巴西)互联网治理研讨会,旨在围绕信息时代互联网的进步和管理开展深入的对话与交流。与亚非国家开展网络法治对话。与美国在网络信息领域开展合作。中国致力于在尊重彼此核心关切和妥善管控分歧的前提下,与美国开展互联网领域对话交流,为包括美国在内的世界各国企业在中国发展创造良好市场环境,推动中美网信领域的合作。为了促进中美两国关系的健康和稳定发展,积极推动两国之间的网络信任合作不仅符合两国人民的根本利益,也是国际社会的普遍期望。

三、把握以信息化推进中国式现代化的正确方向

习近平总书记强调,"中国式现代化,是中国共产党领导的社会主义现代化"[1],"党的领导直接关系中国式现代化的根本方向、前途命运、最终成败"[2]。习近平总书记的重要论述对中国式现代化定了性、定了调、定了位。习近平总书记还鲜明提出坚持和加强党的全面领导、坚持中国特色社会主义道路、坚持以人民为中心的发展思想、坚持深化改革开放、坚

---

[1] 《习近平著作选读》第1卷,人民出版社2023年版,第18页。
[2] 习近平:《以中国式现代化全面推进强国建设、民族复兴伟业》,《求是》2025年第1期。

持发扬斗争精神五个重大原则。这些重大原则，既为推进中国式现代化提供了根本遵循，也为加快信息化发展、以信息化推进中国式现代化提供了根本指引。

（一）毫不动摇坚持和加强党对网信工作的全面领导

"办好中国的事情，关键在党。"坚持党的全面领导是坚持和发展中国特色社会主义的必由之路。网络安全和信息技术是与全面建设社会主义现代化国家和推动中华民族伟大复兴紧密相关的关键战略议题，它们代表了新的生产力和发展趋势。因此，必须以中国共产党作为坚强领导核心，在党的领导下进行全面规划和稳健推进。

方向的选择是至关重要的，因为方向塑造了前进的路径，而这条路径又决定了最终的命运。习近平总书记强调："互联网管理是一项政治性极强的工作，讲政治是对网信部门第一位的要求。"[1]在我国互联网的发展历程中，党始终扮演着规划者、领航者和决策者的核心角色。我们必须坚持和加强党对网信工作的集中统一领导，确保党的领导渗透到网络安全和信息化工作的每一个环节。在推动信息革命和建设网络强国的道路上，我们要确保党始终处于全局的领导地位，协调各方，并在信息化环境下真正提高党的执政能力和领导能力。党的十八大以来，我国网信事业取得了前所未有的成果，这些成绩的取得根本在于习近平总书记作为党中央的核心、全党的核心的掌舵领航。

中国共产党的领导是中国特色社会主义最本质的特征，是中国特色社会主义制度的最大优势，党是最高政治领导力量。我们所有的事业都是基于这一最本质特征和最大优势而建立的。西方某些国家对我国采取西化、分化策略，其中最常用手段就是贬低中国共产党的领导地位，企图通过这种方式干扰我们的思维。面对坚持党的领导这一核心议题，

---

[1] 《习近平关于网络强国论述摘编》，中央文献出版社2021年版，第123页。

我们必须毫不动摇,否则可能会带来颠覆性的影响。网信工作在中国特色社会主义伟大事业中占据着至关重要的位置,"网络安全和信息化事关党的长期执政,事关国家长治久安,事关经济社会发展和人民群众福祉"。习近平总书记强调:"要把网信工作摆在党和国家事业全局中来谋划,切实加强党的集中统一领导。"[1]

当今世界正经历百年未有之大变局,不稳定性不确定性因素明显增多。伴随着百年难遇的巨大变革,新一轮科技革命和产业变革作为社会发展的推动力,正在持续深化并带来新的重要突破。世界主要国家都将互联网视为经济增长和技术创新的核心,并将其视为寻找新的竞争优势的策略方向。一场以信息网络技术为中心的全方位的综合国力竞争正在全球范围内激烈展开,其中网络空间发展主导权和制网权的争夺变得越来越激烈。习近平总书记对世界互联网发展动向及竞争态势洞若观火,深刻地指出:"当今世界,谁掌握了互联网,谁就把握住了时代主动权;谁轻视互联网,谁就会被时代所抛弃。一定程度上可以说,得网络者得天下。"[2]并反复强调"过不了互联网这一关,就过不了长期执政这一关"[3]。一些人试图将互联网塑造成现代中国最显著的影响因素,对这一点,我们需要保持高度的警觉。为了确保中华民族伟大复兴的中国梦能够得到坚实的安全保障,我们必须强化党的领导作用,并坚定不移地开展网络安全和信息化重大风险的预防和化解工作。

推进国家治理体系和治理能力现代化是一项至关重要的任务。随着中国特色社会主义进入新时代,我国的国家治理正面对众多新挑战和新需求,这也意味着中国特色社会主义的制度和治理框架需要进一步的完善和持续的进步。随着网络信息技术的进步,为国家治理带来

---

[1] 《习近平关于网络强国论述摘编》,中央文献出版社2021年版,第43页。
[2] 《习近平关于网络强国论述摘编》,中央文献出版社2021年版,第41页。
[3] 《习近平关于网络强国论述摘编》,中央文献出版社2021年版,第3页。

了众多新的、不应被忽视且迫切需要解决的问题。例如,在互联网新技术和新应用持续进步,以及互联网在社会动员功能方面逐渐增强的背景下,如何合法地强化网络空间的管理,并构建一个全面的网络治理体系成为一个关键问题;如何更好地强化网络内容的构建,打造一个清新有序的网络环境;如何有效地预防网络犯罪,尤其是新兴网络犯罪,以确保社会的和谐与稳定;如何进一步强化大数据平台的建设,并推动社会治理向更精细、更智能的方向发展;等等。随着网络信息技术的不断进步,互联网的管理也需要进一步加强。习近平总书记指出:"信息是国家治理的重要依据,要发挥其在这个进程中的重要作用","要以信息化推进国家治理体系和治理能力现代化"[1]。提升网络管理的质量和推动互联网的发展,本质上是我们党在推进国家治理体系和治理能力现代化过程中应当承担的责任。因此,强化党在网信工作方面的集中统一领导,是提高党长期执政能力的一个关键环节。

(二)始终坚持以人民为中心的发展思想

习近平总书记在网络安全和信息化工作座谈会上的讲话中指出:"网信事业要发展,必须贯彻以人民为中心的发展思想。要适应人民期待和需求,加快信息化服务普及,降低应用成本,为老百姓提供用得上、用得起、用得好的信息服务,让亿万人民在共享互联网发展成果上有更多获得感。"[2] 这一重要论述,闪烁着与时俱进的马克思主义人民观,体现着中国共产党人崭新的执政理念,既进一步明确了我们党推进网信事业发展的指导思想、基本宗旨和工作着力点,又为我们在网信事业上坚守人民立场提供了理论依据和基本遵循。

"治国有常,利民为本。"任何一个政治集团,不为人民谋利益,

---

[1] 《习近平关于网络强国论述摘编》,中央文献出版社2021年版,第131—132页。
[2] 习近平:《在网络安全和信息化工作座谈会上的讲话》,人民出版社2016年版,第5页。

不可能得到政权；掌权后不继续为民谋利，则不可能巩固政权。我们党的根基建立在人民之上，其血脉流淌在人民之中，而其力量也是建立在人民基础之上。我们党的执政理念是立党为公、执政为民，这一理念在党的全部理论和全部工作中都得到了具体的体现。在信息化大背景下，以互联网为核心的网信事业得到了飞速发展，这不仅为社会生产带来了新的变革，也为人类创造了全新的生活空间，同时也为国家治理带来了前所未有的挑战。在互联网的巨大变革中，如何确定正确的发展路径，并始终如一地实践和展现为人民服务的核心理念？如何将互联网与广大人民群众紧密结合？在新时代背景下，这成为我们党需要合理面对的一个崭新议题。回答这一新议题，习近平总书记关于"网信事业要发展，必须贯彻以人民为中心的发展思想"的论断，既坚持了马克思主义人民观，继承和发展了党的根本宗旨，也面向国际传播工作新局面，与时俱进地发展了我们党执政为民的优良传统。从历史的长河中可以清晰地观察到，正是我们党致力于满足广大人民群众的期望和需求，全心全意地为人民谋求利益和幸福，因此赢得了人民的支持、拥护和信任，从而实现了持续的发展和壮大。坚定不移地贯彻以人民为中心的发展思想，不仅是我们党对历史经验的精练总结和当前工作方向的聚焦，同时也是一种面向全球、展望未来的创新思维和行动方案。

奏响主题旋律，构建正气充盈的网络空间来加强人民的认同感。我国互联网发展的核心理念和目标是为广大人民提供服务并真正惠及人民生活。习近平总书记强调："要适应人民期待和需求，加快信息化服务普及，降低应用成本，为老百姓提供用得上、用得起、用得好的信息服务，让亿万人民在共享互联网发展成果上有更多获得感。"[①] 政府应当充分利用网络资源，确保为人民提供优质的网络服务和管理，加

---

① 《习近平关于网络强国论述摘编》，中央文献出版社2021年版，第18—19页。

速电子政务的发展，实现信息技术与工业化的深度整合，使网络真正转变为人民政府听取公众意见、服务人民的技术渠道，并成为推动创新和创业的基础设施保障，同时也是经济和社会新发展的驱动力。我们需要强化网络上的正面宣传，持续更新观点、丰富内容、创新方式、灵活策略和多种手段，以弘扬主流价值观和激发正能量。通过高质量的作品来解读和阐释党的理论和路线方针政策，引导全体人民始终遵循正确的政治、舆论和价值导向，构建网上网下同心圆，并将广大人民紧密地团结在党的周围。我们需要增强网络管理的力度，始终坚守法治原则，依照法律管网治网、运营网络和上网，确保每个部门都有自己的职责和责任，形成一个整体协调、多种措施并行的网络治理模式，为网络强国建设提供坚强有力的服务保障。

加强网络防护，构建一个清朗规范的网络空间来增强人民的安全感。网络技术如同一把双刃剑，使用得当，能够为社会和人民带来好处，使用不当，则可能会对社会和人民造成伤害。在网络安全威胁和风险日益加剧的情况下，我们需要根据形势制定策略、适应形势、顺应形势，确保始终维护人民的合法权利和利益。我们必须始终坚持问题导向，持续深化对网络诈骗、网络谣言、网络暴力等民众反映强烈的突出问题的治理。我们需要从供应侧和需求侧两个方面发力，培养网络文化新风尚，完善常态化、长效化监管机制，以构建清朗网络生态。我们需要平衡安全与发展之间的关系，强化信息基础设施的建设和技术创新，不断提高网络安全防护能力，以确保影响国家经济和人民生活的关键行业和领域的网络运行绝对安全，从而为人民的幸福构建一个安全稳定的网络环境。

共筑心灵之桥，构筑上下贯通多维立体的网络平台来提升人民的幸福感。网信事业发展必须贯彻以人民为中心的发展思想，把增进人民福祉作为信息化发展的出发点和落脚点。我们需要集中精力解决民生问题、提升公共服务质量，执行"互联网+"项目，促进新一代信息技术与城乡管理服务的整合，以促进城乡基本公共服务均等化，并提高整体治理和服务质量。为更有效地利用互联网在听取民众意见、集结人民智慧上的潜力，我们在关键的决策制定中应广泛征集公众的意见和建议，集思广益、团结一心，从而最大限度地激发广大人民参与国家建设的热情和主动性。为更有效地解决人民群众办事困难、办事缓慢和办事烦琐的问题，我们需要构建横向到边、纵向到底、多级互联、功能全面且实用便捷的数据共享和交换平台。这样，广大的民生实事可以实现在线办理和即时办理，全程提供帮助，减少不必要的奔波，通过"数据多跑路"，实现"群众少跑腿"。

善于聆听观察，通过民主高效的线上互动提升人们的满足感。各级党政机构和领导干部需要学习如何利用网络走群众路线，坚持"从网民中来，到网民中去"，善于利用网络了解群众的想法和愿望，收集好的想法和建议，积极回应网民的关切、解疑释惑。通过加强网络问政平台、监督平台和民生服务平台的建设，我们可以动员全国各族人民，激发他们的创新智慧，释放他们的创造力，充分发挥人民的积极性、主动性，构建一个基于互联网的网络社会工作治理体系，真正构建"网上网下同心圆"，为实现中华民族伟大复兴的中国梦而团结奋斗。另外，网络技术的进步也离不开人才的支持，这需要众多杰出的企业家、学术专家和科技工作者为推动国家的网信事业和建设网络强国贡献智慧与力量。

（三）以斗争精神推进网信工作守正创新

敢于斗争、敢于胜利，是我们党的鲜明政治品格，也是我们党的优良传统和政治优势。党的十九届六中全会在全面总结中国共产党百年奋斗的历史经验时，明确提出要"坚持敢于斗争"。当前，互联网正成为意识形态斗争的主阵地、主战场、最前沿，我们需要积极培养和发扬斗争精神，紧紧掌握网络意识形态主动权，并持续推动网络信息工作朝着守正创新的方向发展。

1. 居安思危，增强斗争意识

随着互联网技术的飞速发展和普及，网络上的舆论环境逐渐成为公众意见汇聚和意识形态竞争的关键场所。在开展网信工作时，我们必须始终保持政治上的警觉，明确方向和立场，并不断增强斗争意识。

明确方向，提高政治敏锐度。是否能够维持清晰的思维、坚定的政治立场、勇敢面对各种风险和挑战、明确斗争方向，这些因素都直接影响到宣传和思想工作的实际成效。面对网络上对其他国家内政的干预、对其他国家政治体制的攻击、煽动社会不稳定和颠覆其他国家政权等可能危害国家政治安全的渗透行为，网络信息战线必须始终保持高度的政治敏感性。对于那些在网络空间中对党的领导和我国的社会主义制度构成威胁，损害我国在主权、安全和发展等方面的核心利益和重大原则，损害人民的根本利益，或妨碍中华民族伟大复兴的错误言论，必须始终保持坚定的战斗态度，不犹豫、不观望，敢于展示力量，敢于发声，并坚决抵制，斗争到底。

了解危机，增强对风险的感知能力。意识形态斗争，是没有硝烟的战斗，具有很强的隐秘性、渗透力和误导性。如今，随着网络信息技术的飞速进步，网络中的意识形态斗争展现出高度的隐秘性、紧密的联系性和易于传播的特点，这大大提高了网络意识形态领域的风险预防难度和解决问题的复杂性。因此，网信工作必须基于中华民族伟大复兴的整体战略，始终保持警惕，增强对潜在风险的识别意识，真正提高对风险的洞察力，对风险点、表现形式和发展趋势进行科学预测，从而有效地预防和化解各种风险。

2. 因时而进，发扬斗争精神

新征程上，要在网络空间迎接新的斗争挑战，把网信工作开展好，必须充分发扬斗争精神，接续传承，因时而进。

有效地进行宣传和思想教育是党的宝贵传统和政治优势。为了确保网信工作的正直和创新，我们必须正确理解当前宣传思想工作的变化和持续性。虽然在不同的发展阶段，党的宣传思想工作都有其独特的斗争目标、任务和方法，但在各个时期，党的宣传思想工作都保持着内在连续性。线上和线下的宣传活动是紧密结合的，它们之间的经验、法则和策略不仅可以互相学习和借鉴，还可以互相支持和补充。为了在网信工作战线上展开新一轮的伟大斗争，我们必须秉持历史主动性，利用党史学习教育作为契机，系统地总结宣传思想工作战线和党的其他工作战线在各个阶段所积累的宝贵斗争经验，遵循历史规律，将斗争精神和有价值的经验做法传承、借鉴、发扬好。

"从具有许多新的历史特点的伟大斗争出发，总结运用党在不同历史时期成功应对风险挑战的丰富经验，做好较长时间应对外部环境变化的思想准备和工作准备"[1]，这是习近平总书记基于世情、国情、党情和我们党所处历史方位新变化、新特点作出的重大判断和战略部署。作为技术革命和信息化时代的结果，互联网本质上具有明确的时代特征。要想让网信战线充分发挥互联网的最大潜力，就必须培养强烈的时代意识，并勇于承担责任、主动行动和积极斗争。更明确地说，我们要秉持与时俱进、随形势创新的斗志，用创新的思维和发展的视角深入了解网络时代如大数据、云计算、人工智能等现代信息技术对人们日常生活产生的深远影响，并努力将宣传思想工作的传统优势与现代信息技术完美结合。密切关注新兴业态的发展趋势，准确捕捉广大网民在思想、心理和行为方面的动态变化，深入了解网络空间中各种思想和舆论交流、碰撞和融合背后可能产生的对主流意识形态的冲击，并为在网信工作第一线赢得具有新历史特征的伟大斗争做好充分准备。

---

[1] 《习近平谈治国理政》第4卷，外文出版社2022年版，第513页。

3. 筑牢防线，提高斗争本领

为了推进网信工作的守正与创新，我们不仅需要拥有坚定的斗争意识和积极的斗争精神，还必须在真实的斗争环境中不断积累经验、学习新方法、提升能力，从而真正增强我们的斗争技巧。为了确保新时代的网络信息工作能够高品质地发展，我们必须重视能力的增强、做出明智的策略选择、追求斗争的艺术，并加强网络意识形态的安全防护。

专注于提升网络技术的应用能力。如果不能跨越互联网这一难关，那么就无法跨越长期执政的难关。面对由互联网发展引发的各种挑战，正确的应对策略应该是积极地面对问题、主动地掌握信息并高效地利用它们。伴随着新一轮科技革命和产业变革的快速发展，为了确保网信工作的正统和创新，我们必须紧紧围绕互联网的核心技术这一关键领域。为了更好地适应信息化的发展需求，我们需要科学理解网络传播的基本规律，并准确掌握互联网技术的发展趋势和变化速度。我们应该抓住传统媒体与新兴媒体深度融合的战略机会，通过大力推动融媒体平台和传播体系的建设，利用技术应用来驱动网信工作的理念、内容、载体、形式和方法的创新。这样，我们可以将5G、云计算、物联网、大数据、人工智能等新技术和新业态带来的冲击转化为强有力的工作支持，用科技为新时代的网信工作赋能，使互联网这个"最大变量"真正成为推动网信工作守正创新的"最大增量"。

致力于增强网络舆论的引导能力。近年来，伴随着互联网技术的迅猛进步，一个与真实世界既有联系又有所不同的网络虚拟空间不仅已被成功构建，而且逐渐成为人们获取信息和表达观点的主要场所。随着时间的推移，网络空间话语权和意识形态主导权的争夺变得越来越激烈。作为网络信息工作者，如果想要履行自己的职责和使命，就必须持续提升网络舆论的引导能力。建立以用户为中心的思维模式，实现"心中有人"的理念。我们应当尊重网民的知情权，对网民的关心给予及时回应，明确事实真相，澄清不清晰的认知，深入了解网民的想法和愿望，并致力于进行有效的情感引导和价值教育。始终坚守内容至上原则，并在话语表达上进行创新。擅长利用网民喜爱的"网言网语"和生动的"小故事"来阐述"大道理"，从而真正提高网络舆论引导的吸引力、亲和力和感染力。为了在移动网络平台上实现多样化、分众化和差异化的信息传播，我们不断优化和提升文字、图片、音频和视频等多种表达方式的应用能力，以确保网络空间始终充满正能量和主旋律。

致力于增强对网络风险的防范能力。网络环境瞬息万变，信息混杂不清，能否在这场战场上坚持到底、取得胜利，直接影响到我国的意识形态安全和政权安全。网信工作不仅需要进行日常的宣传和教育，还需要提前预防，有效地应对各种风险和挑战。一方面，我们需要具备敏锐的听力和视力，以增强对风险的预测能力。我们需要保持高度的警觉性，持续密切关注广大网民的行为和思想动态，以及网络舆论和思潮的发展趋势。我们需要仔细地识别和及时捕捉可能对网络意识形态主导权产生冲击的潜在风险因素，并对这些风险的发生可能性和后续影响进行预测和预案制定，以期在风险刚开始形成时就能够消除所有潜在风险。另一方面，我们需要反应迅速，以增强对风险的应对和化解能力。对于已经出现的网络风险，我们必须给予高度关注，并对其发生原因、性质、种类和特点进行深入分析和判断。我们需要进行分类处理和精确的策略制定，以最大程度地减少风险的持续时间和影响范围，从而将风险的破坏性降至最低。

四、把握以信息化推进中国式现代化的职责定位

党的二十大报告明确概括了中国式现代化的"中国式"之所在，

即中国式现代化是人口规模巨大的现代化,是全体人民共同富裕的现代化,是物质文明和精神文明相协调的现代化,是人与自然和谐共生的现代化,是走和平发展道路的现代化。信息化与我国各领域发展深度融合,蕴含着驱动中国式现代化的巨大潜能。新征程上,我们要紧紧抓住信息革命的历史窗口期,坚定不移以信息化推进和拓展中国式现代化,最大程度发挥信息化在中国式现代化进程中的"指南针"和"发动机"作用。

在信息化进程中,我们应该充分发挥人口庞大所带来的独特优势。"民惟邦本,本固邦宁。"目前,庞大的人口规模不仅构成了我国的基本国情,而且也是推动我国信息化发展的重要动力和基础。从一方面看,我国的人口数量庞大,并且不同地区之间存在明显的人口差异。在全面步入现代社会的大环境中,个性化的社会经济发展模式变得尤为重要。信息革命催生了以云计算、物联网、大数据和人工智能为核心的新技术及其应用,这进一步催生了数字经济和低碳经济等新兴产业,形成了线上教育、互联网医疗、线上办公和数字化治理等新的线上服务业态。这使得信息化成为推动高质量发展的关键力量,并为我国在转变发展模式和转变增长动力方面提供了有效的出口渠道。从另一方面看,我国庞大的人口基数为信息技术提供了宝贵的数据和人才储备。在信息文明的时代背景下,大数据已逐步崭露头角,成为社会进步的"生命之源"。我国不仅拥有全球最庞大的数据生成群体,而且随着教育现代化的推进,也为数据的进一步挖掘和开放培育了大量符合时代需求的信息专才。

(一)信息技术为共同富裕提供了均衡增长和公正公平的强大后盾

"治国之道,富民为始。"追求全体公民的共同富裕,确保人民在物质和精神上都过上富足的生活,是中国式现代化进程中的一个核心目标和价值追求。信息化所展现出的非群体化、渗透力和开放性等独特属性，为均衡增长和公正公平提供了坚实后盾。从一方面看，信息技术推动了机会的平等和公正分配。从供应角度看，信息化有助于显著降低信息的不对称性，减少因摩擦产生的成本，并确保网络空间的红利共享和机会平等；从需求角度看，信息化能够通过扩大收益来源、增强智能管理等手段，推动初级和次级的资源分配，从而有力地避免资源的两极分化。从另一方面看，我国的互联网普及率已经达到了77.5%，这种信息技术为国家提供了一个直达终端用户的"快速通道"，进一步促进了基础公共服务的平等化；此外，这也为人们提供了一个超越时间和空间限制的信息和知识获取平台，进一步推动了全民在数字素养、技能、就业和创业能力等方面的全面提升，为社会的公平和正义创造了有利条件。

（二）信息化构成了物质文明与精神文明和谐发展的坚固纽带

"仓廪实而知礼节，衣食足而知荣辱。"在中国式现代化进程中，物质文明与精神文明的和谐发展是对协调和平衡发展理念的持续坚守和遵守。在信息文明的时代背景下，互联网为物质文明与精神文明的相互促进和连接构建了坚固的桥梁和通道。5G和人工智能等先进的信息技术为我们带来了种类繁多的产品和服务，而AR、VR、自动驾驶和电子商务平台等更能满足人们对物质和文化的需求。各种新媒体应用的深入发展，为人们提供了一个丰富的精神领域。在信息技术的驱动下，中国精神和中华文化被更为明确和有力地呈现给了大众。

（三）信息技术为人与自然和谐共生提供了一条绿色途径

"天地与我并生，而万物与我为一。"我国不仅拥有丰富的矿产和物种资源，更展现了对保护自然和人类共同居住环境的远见和作为一个大国的责任。推动人与自然和谐共生，是中国式现代化进程中对于绿色发展观念和共同构建人类居住环境的最有力的倡导和承诺。通过有序的开发和合理的利用，明确地设定了碳达峰碳中和的目标，这体现了中国式现代化在自然生态和地球保护方面的持续坚持。利用信息技术来促进绿色和低碳发展，已经上升为全球竞争的焦点。从一方面看，与其他资源不同，信息资源拥有长久和可复制的特性，能以非常低的边际成本产生巨大的边际回报，为人与自然和谐共生和可持续发展开辟了绿色途径。从另一方面看，信息技术为智能化和数字化的生态管理提供了强大支持，进一步提高了智能检测的能力。这种技术带来的信息流通和合理分配，不仅可以有效推动节能、降低消耗、提高质量和效率，还能从根本上减轻资源和环境的压力，促进经济增长与生态保护和谐共生。

（四）信息技术助力于为和平发展打造网络合作平台

"亲仁善邻、协和万邦。"我国作为一个有责任感的大国，我们的现代化进程积极发掘自身的优势，并与全球各国建立互利共赢的中国式现代化关系。选择和平发展路径，不仅是我国坚持的立场，同时也代表了我国对世界的庄严承诺。以"一带一路"倡议为例，在未来的发展当中，通过推进信息化建设和完善网络合作平台，我们将进一步加强中国与沿线国家的网络空间合作。这将有助于推动相关国家的网络基础设施建设，消除国家间的信息障碍，实现信息资源的跨地域和跨国界流通。信息化建设将推动邻近发展中国家的网络工程建设，缩小与发达国家之间的数字鸿沟，共同适应全球数字化发展的趋势。在数字化进程中，中国始终将自己的命运与全球各国人民的未来紧密相连。中国致力于利用中国式现代化的最新成果为全球发展创造新的机会，进一步加强网络空间的国际合作与交流，推动全球互联网治理向更加公正和合理的方向前进，并探索建立全球文明对话的合作网络，扩大合作途径。

新一轮科技革命和产业变革正在以空前的广度和深度推动中国式现代化创新进程。我们需要积极适应变化，在信息化进程中确定正确方向，抓住人工智能时代带来的新机会，利用信息化来推动中国式现代化的高质量发展，用信息化来支持中国的治理体系和治理效能，有效激发中国式现代化的内在动力和辐射能力。

第七章

全方位提高网络综合治理能力

党的二十大报告提出："健全网络综合治理体系，推动形成良好网络生态。"①互联网在便利群众生活、孕育创新创造、推动产业升级、促进高质量发展的同时，也带来一些新问题新挑战。发展好、运用好、治理好互联网，不仅是推进国家治理体系和治理能力现代化的重要内容，也是满足人民群众美好生活需要的迫切要求。近年来，我国网络空间治理在正能量传播、内容管控、社会协同、网络法治、技术治网等方面全面发力，取得了明显实效，走出了一条具有中国特色的治网之道。新时代新征程，我们必须深入学习贯彻习近平总书记关于网络强国的重要思想，树立系统观念，坚持走中国特色治网之道，不断完善网络综合治理体系，综合运用法律约束、道德教化、行业自律、技术监管等多种方式，推动网络综合治理效能持续提升。

一、实现多主体协同治理

习近平总书记明确指出："要提高网络综合治理能力，形成党委领导、政府管理、企业履责、社会监督、网民自律等多主体参与，经济、法律、技术等多种手段相结合的综合治网格局。"②网络综合治理的主体是多元的。走中国特色治网之道，必须形成党委、政府、企业、社会组织、网民多主体协同参与的用网管网治网合力，打造综合治网格局，为建设网络强国、推动网信事业高质量发展筑牢安全屏障。

（一）始终坚持与加强党对网络综合治理的统一领导

习近平总书记指出："要加强党中央对网信工作的集中统一领导，

---

① 《习近平著作选读》第1卷，人民出版社2023年版，第36页。
② 《习近平关于网络强国论述摘编》，中央文献出版社2021年版，第56页。

确保网信事业始终沿着正确方向前进。"①在习近平总书记2023年7月对网信工作提出的"十个坚持"重要原则中，"党委领导"居于首位。中国特色社会主义的最本质特征是中国共产党领导，中国特色社会主义制度的最大优势是中国共产党的领导，党领导一切，包括网络治理，应当充分发挥党在网络综合治理中的领导核心作用。网络治理与政治安全和国家安全紧密相连。目前，我国的网络安全形势变得越来越严峻，网络治理主体分散、各自为战的现象还依然存在。因此，必须加强各级党委的统一领导和综合协调能力，掌握意识形态的领导权，以领导权威打破网络治理的体制障碍，推动多方力量的高效合作和有机整合。党委在提高网络综合管理能力方面发挥着关键的领导角色，网络治理领导能力是中国共产党新媒体领导力的重要向度之一。作为国家治理体系和治理能力现代化的重要组成部分，以习近平同志为核心的党中央高度重视网络空间治理，部署重大决策，实施重大举措，经过多年的实践，中国共产党领导的网络治理能力不断提升，治理成效不断凸显，治理内涵不断丰富，推动了国家治理体系和治理能力现代化目标的全面实现。

网络治理的领导能力被视为中国共产党新媒体领导能力的关键维度之一。以习近平同志为核心的党中央，作为国家治理体系和治理能力现代化的核心部分，对网络空间治理给予极高重视，制定了一系列重大决策，实施了一系列重大举措。多年的实践证明，由中国共产党领导的网络治理能力持续增强，治理效果日益明显，治理内容也变得更加丰富，这都为国家治理体系和治理能力的现代化目标提供了坚实支撑。

经验告诉我们，强化党的领导作用是确保互联网的良好管理和发展，以及有效增强网络综合管理能力的关键，这需要我们从维护网络

---

① 《习近平关于网络强国论述摘编》，中央文献出版社2021年版，第10页。

意识形态的安全和维护国家的主权及政权的角度来持续努力。我们必须坚定地执行党对互联网的管理原则，不仅要确保网络意识形态工作责任制的严格执行，还要从整体出发，关注每一个环节，确保党的领导在整个治理过程中都得到体现，特别是要充分发挥党在政治引导、思想保障和组织建设方面的作用，以确保网络综合治理体系的良好运作和持续完善。我们需要集中精力加强党在网络综合治理方面的顶层设计和全面规划，使我们党在网络安全风险预警、分析和应对方面的能力得到不断提高，以确保网络战略部署具有前瞻性和科学性，并为网络治理活动提供战略性的指导。在增强党对网络治理任务的监督和管理方面要同步推进，积极促进网络信息传播的法治建设，并激励所有相关方积极参与网络的综合管理工作。通过实施"全局统筹、各方协同"策略，我们可以梳理各参与方之间的治理逻辑，激发他们参与网络治理的积极性，并确保网络空间活动中各参与方的责任得到落实。

（二）大力增强各级政府部门管理网络安全的综合能力

在网络空间信息活动中，政府扮演着主要的监管角色。"政府管理"这一概念明确规定了政府各个部门在其所处行业范围内的网络监管职责。2021年，"加强互联网内容建设和管理"的主题首次被纳入政府工作报告中，这显示了线上与线下的整合管理已经成为政府各个部门的日常任务。[①] 政府在网络监管中应遵循"网下管什么、网上就要管什么"的原则，这是依法治网的基本要求。为了实现这一目标，政府应加速完善各部门的网络治理职能和跨部门的综合执法机制，推动从事后管理向事前事中的过程治理的转变，通过高水平的网络管理保障来促进经济和社会的高质量发展。政府的网络管理相关部门需要提升网络综合治理的主导作用，其核心任务是建立网络综合治理的协同机制，以

---

① 梅松：《健全网络综合治理体系》，《党政干部论坛》2023年第9期。

第七章 全方位提高网络综合治理能力

实现有效的联动治理。

确保责任和权利的明确分配。网络安全和信息化委员会应作为管理的中心，而通信、公安、宣传等相关部门则作为具体的执行单位，他们需要根据自己的管理职责来制定网络治理的相关规定和制度。全方位加强各部门的管理职责，整合宣传、网络信息、公安、综合管理、文化和市场监督等多个部门，进一步明确责任和权力的具体清单，构建一个各负其责、各尽其职、高效统一的协调体系。我们需要明确执行属地管理的职责，并根据属地管理、分级负责和受权专责的原则，因地制宜地进行属地网络的综合管理。我们正在尝试构建一个网信基层的网格化管理体系，目的是将网信工作的范围扩展到乡镇（街道）和村（社区），甚至延伸到基层的最末端。

改进管理策略。在构建网络综合治理的主体结构时，政府扮演了管理角色，参与到治理体系的创新中。政府有责任以一个开放的态度来尊重和激励其他各方参与到网络内容的管理中来，充分发挥其在引导和协调方面的作用，以促进多个主体之间的有效沟通和合作。我们应该以服务为核心，更新管理观念，创新治理模式，并将网络治理真正视为"为民服务"的重要任务来执行。从一个角度来看，政府应当遵循适当的管理策略，以防止过度介入。在智能传播的时代背景下，信息传播的环境经历了翻天覆地的变革。传统的政府单一治理方式已经不能满足新的传播需求，因此迫切需要市场和社会各方的共同参与，以构建一个高效且系统化的多方参与的共同治理模式。在网络治理的转型过程中，政府需要避免陷入全能型政府的治理惯性，避免脱离网络内容治理的具体任务，充分授权企业和行业组织，使其具有与自身治理优势相匹配的治网权限，从而帮助实现网络内容治理的实质性参与。从另一个角度来看，我们需要充分利用整合的优势和主导的力量，以确定治理的正确方向。网络上的信息内容成为网络政治、文化、舆论和意识形态风险的主要来源。为了确保网络生态的安全性，政府必须对这些网络信息的内容和传播途径进行有针对性的干预。在当前阶段，市场参与者普遍缺乏对公共事务的认识，社会参与力量相对较弱。因此，利用政府的支持来为网络治理提供合规的指导和宏观管理，将有助于确保网络治理的有效性得以实现。政府在网络内容治理中起到了关键的指导、监督和调控作用。为了确保网络企业、行业组织等多个主体能够有效地进行网络治理，政府应及时制定网络公共政策，明确治理的基本准则和标准。此外，政府还应为这些主体提供规范的指导，确保责任得到落实，加强他们之间的沟通和联系，协调各方的利益冲突，并为网络治理提供法律支持，以维护公众的利益。

积极推动法律制度的建立。依法进行网络治理是网络综合管理的核心环节。为了加强政府各部门在网络协同治理方面的法律体系建设，我们可以制定相应的法律和政策，以增强对网络企业违规和违法行为的处罚力度。构建一个用于审查网络内容的机制。构建网络内容违法和违规的分类等级和标准体系，将网络内容的动态审查和处理作为政府各部门协作治理的关键环节。针对网络上的违法或违规内容，政府各个部门应当联合进行审查和相应的处罚。制订与网络综合管理相关的规定，强调严格执行，敢于硬碰硬、真实行动，对于损害网络安全的违法行为给予严厉处罚。

提升对突发性网络舆情的治理效能。首先，利用数字智能技术来增强"网感"。政府与企业合作，共同构建一个全天候、多维度、多层次的网络舆情监测预警体系、情报共享机制和应急响应机制。根据网络安全的分级预警指标体系，对网络舆情的生成特性、传播速度、影响范围和危害程度进行精确的分析和判断，科学预测舆情的发展趋势，并根据不同的预警级别和舆情扩散趋势，制定相应的网络安全风险应急处理方案，从而有效提高技术治网的水平。其次，需要增强对重大突发舆论事件的紧急应对和处理能力。从一个角度来看，各级政府需要准确地分析和判断网络舆情产生的各种原因、潜在的利益诉求、涉及的不同群体类型，以及"情绪流量"中的"主流情绪"等因素，以便进行分类处理和精准施策；从另一个角度来看，深入了解社会的实际情况和民众意见，有效地引导社会情绪，并牢固地掌握舆论信息的话语权，有助于稳固民心和确保社会的稳定。最后，促进网络舆论的法律化管理。对网络舆论管理的法律和法规进行完善，并专门为"网络舆论治理"制定相关法律；持续强化对网络传播的错误社会观念和乱象的查处力度，以避免由"乱作为"引发的进一步的公众舆论。

（三）充分发挥企业在网络综合治理方面的主体作用

各类网络企业是网络综合治理体系中最活跃的主体。我国网络企业为国家网信事业作出了贡献，但仍然存在少数网络企业只顾企业自身发展、追逐商业利益，不讲社会公共责任与道德的现象。当前，网络企业尤其要加强对网络直播平台与自媒体传播内容的审核和监管。

网信企业不仅是网络内容、产品和服务的主力供应者，同时也是网络治理的"第一道关口"和"第一道防线"，它们有责任成为构建良好网络生态环境的关键力量。网信企业在维护网络安全方面的作用至关重要，作为履行网络安全职责的关键实体，应致力成为网络安全的守护者。网信企业还应将相关的法律法规要求具体落实到其自身的建设和日常管理活动之中，成为合法运营网络的践行者。作为矗立在科技创新潮头的重要主体，网信企业还应在创新创造上力争走在时代前列，致力于为高水平的科技提供服务，促进企业自身的自立自强，努力成为创新和发展的引领者。同时，网信企业必须坚持人民立场，秉持服务人民的发展理念，努力成为创造美好生活的时代先锋。

为了完善平台经济的治理结构，确保平台企业的核心责任得到加强和执行是至关重要的步骤。作为平台企业，应当主动地承担起核心的责任和义务，充分利用其在人才、技术、数据和资本等多个领域的独特优势，并在推动技术创新和促进经济增长方面发挥更为重要的作用；严格执行反垄断和反不正当竞争的法律责任，以在推动市场公平竞争和维护市场正常秩序方面取得更多成就；更加重视维护平台工作人员和新型就业模式下劳动者的权益，更有力地维护广大消费者的权益，并在提升民众生活质量和共享发展成就方面承担更多的责任。

加强对企业内容审核责任的认识。企业需要加强对责任的认识，并承担起网络信息的监督、检查和审核的核心职责。要进一步明确信息发布的标准，完善关键信息的多节点召回和复核机制，优化信息内容的审核流程，采用差异化的思维和要求来处理网络上的非法信息内容，并针对色情、暴力、恐怖等有害信息制定明确的分级、指标体系以及相应的限制和调控措施。加大对媒体工作者的培训和管理力度，推动行业的伦理和道德建设，培育一支理论知识深厚、专业能力出众、精通网络技术的专业审查团队，并加强网络内容的人工审核团队建设。积极研究和创新网络内容的审核方法，以增强智能技术在风险识别和预警方面的能力，从而打破传统的事后应急处理模式，主动面对网络风险的挑战，并将网络治理的焦点提前转移。网络企业在提供网络正向信息内容时，应该扩大供应的规模和速度，适当增加平台网络正向内容的占比，使其成为传播主流价值的重要推动力。以"为权威媒体提供更多的初始推荐内容和更为宽松的推荐叠加规则"为目标，加强利用算法推荐技术来增强主流资讯流量的相关研究，从而加强主流舆论的影响力，并助力主流意识形态阵地的建设。

（四）充分发挥社会组织有效监督网络综合治理的功能

社会组织是网络综合治理体系中的监督主体。关于社会组织监督的细分主体，主要包括网络行业协会、网络组织、网络社团等。社会组织可以利用其自身优势，整合分散的社会资源，发挥资源的最大功效，可以有效弥补政府在网络综合治理中的缺陷。社会组织监督的方式主要有推动行业建设、开展网络志愿服务、举报监督行动、组织宣传教育等。

文森特·奥斯特罗姆认为："特定的公益物品和服务是可以超越特定政府管辖限制而通过多个主体协作行为来提供的。"网络行业协会要积极倡导行业自律，营造安全有序和谐的网络经营服务环境；要积极吸纳高校、科研院所、民间团体等社会各界力量，形成多元参与治理模式；积极参与全球互联网协会组织的各类活动和事务，推进国际合作与交流。例如，"已有80多个国家加入的互联网协会（ISOC）致力于保证互联网的开放发展、进化与利用。互联网治理论坛（IGF）则为促进多利益相关者之间的政策对话做出努力"[①]。

首先，为了加强网络行业协会对网络企业的社会监督职责，中国网络社会组织联合会需要在各个省份和城市的分会中加强建设，并积极地执行其社会责任。其次，我们需要加强对网络虚拟社会的组织和管理，提高网络信息系统、信息透明度和信息管理能力，并确保"网询""网曝""网谣"和"网评"这四个关键环节得到妥善处理。我们正在积极推进人工智能和新媒体技术的发展，以便真正掌握网络信息的核心技术。再次，我们需要积极地融合高等教育机构、科研机构、民间组织等多方面的社会力量，以构建一个多元联动的治理模式，并充分发挥其在网络技术研发、社会组织监管、社会指导和自我管理方面的功能。最后，我国的网络社会组织需要积极地参与全球互联网协会所组织的各种活动，以实质性地推动网络安全治理在国际层面的交流、合作。

（五）积极培育广大网民参与网络综合治理的媒介素养

作为网络社会的基本单位，网民是网络社会中最根本的参与者和

[①] 王芳：《论政府主导下的网络社会治理》，《人民论坛·学术前沿》2017年第4期。

构成单位。网络用户的个人素养和行为模式对网络社会的运营秩序、网络社会问题的出现以及网络社会未来的发展方向都有着显著影响。为了确保广大网民在网络生活中拥有健康、敏感的媒介解读和判断能力,我们必须持续提升他们的网络素养,使其与快速增长的互联网技术水平保持一致。为了加强网络空间的管理和提高网络环境的清晰度,确保每一个好公民都能成为优秀的网民是至关重要的。

在新时代背景下,提高网络综合管理能力的核心目标是确保广大民众都能享受到一个清朗的网络环境。在新时代网络治理新格局的构建过程中,人民群众扮演着"主力军"的角色。虽然网络综合治理看似一种综合性的网络管理,但其核心目的是服务广大网民的心理需求。这也意味着我们需要遵循社会治理的基本规律,以最大程度地提高网民和普通民众在网络安全和媒体素养方面的意识。首先,要提高网民的责任感。鉴于网络的开放特性,网民在言论和行为上拥有很大的自由度,但也有一部分网民没有足够的责任感,这导致了网络谣言和网络暴力等损害公众合法权益的不良现象频繁出现。网络用户不仅受益于网络所带来的各种便捷,同时也肩负着参与网络管理的重任。因此,网民应该加强责任感,培养担当精神,并共同努力创造一个文明、安全和环保的网络环境。其次,我们需要鼓励网民积极地参与进来。我国的网民数量已经超过了10亿,充分激发网民的主动参与是构建网络文明的基本需求。相关机构应当策划并实施网络文化和网络公益等独特活动,构建一个既友好又包容、形式各异的在线平台,以增加网络传播的影响力,并鼓励广大网民,特别是年轻网民,积极参与网络文明的建设,贡献他们的智慧和力量。最后,我们需要增强网民的网络认知能力。网络用户的网络素养对网络生态和社会风尚有着显著的影响,因此,网络文明的建设需要有高素质网民的全面支持和保护。网络用户应当成为文明和健康网络生活方式的实践者,要有明确的判断力和深思熟虑的态度,坚定地实践,加强网络安全的防护意识和技能,对网络的不文明行为说"不",积极主动地传播网络的正能量,努力成为"中国好网民"。

为了推动国家治理体系和治理能力现代化,增强网络的综合管理能力成为一个不可或缺的需求。因此,多元化的治理实体需要对传统网络治理模式进行深入反思和总结。针对新时代网络社会面临的主要问题,应选择一个高效且有序的协同治理机制,以实现网络综合治理的目标。同时,应推动网络空间治理的法治化和制度化,努力营造一个清新、健康的网络环境,以便让广大网民在网络空间中获得更多的满足感、幸福感和安全感。

二、坚持多手段综合发力

网络空间的一个显著特点是与现实空间的高度整合,而网络空间的各类现象的鱼龙混杂则表现得更加明显。习近平总书记特别指出,我们需要构建一个"经济、法律、技术等多种手段相结合的综合治网格局"[1]。在新时代新征程中,我们需要综合运用经济、法律、技术等多方面的手段,在网络空间管理的前沿、管理流程的重塑等方面进行全面施力和持续优化,确保在管主体、管内容、管行为上实现协调统一,从而真正提高管网治网的系统性和有效性。

(一)提升依法治网能力,以法律手段规制网络空间

按照法律来加强网络空间的管理,不仅满足了广大网民的强烈需求,同时也是确保互联网行业健康成长的关键因素。习近平总书记曾明确指出,要坚持依法治网、依法办网、依法上网,让互联网在法治轨道上健康运行。[2] 我们必须对网络行为进行规范,确保网络秩序,并

---

[1] 《习近平关于网络强国论述摘编》,中央文献出版社2021年版,第57页。
[2] 《习近平关于网络强国论述摘编》,中央文献出版社2021年版,第155页。

严格打击网络欺诈、网络窃密等非法和犯罪行为。党的十八大以来，以习近平同志为核心的党中央高度重视网络法治建设，一体推进全面依法治国和建设网络强国，我国网络安全和信息化事业取得重大成就，网络综合治理体系基本建成。在新时代新征程中，我们必须坚定不移地走依法治网的道路，始终坚持科学立法、民主立法的原则，推动网络法律制度建设向前迈进。我们应该根据互联网的技术特性和发展趋势，提高立法的前瞻性、创新性和针对性，确保立法能够紧跟技术的进步，满足网络空间治理的现实需求。我们必须始终坚守严格的执法原则，增强在与人民利益密切相关的关键领域的执法力度，全方位地维护人民的合法权益和社会的公共利益。我们需要更有效地利用网络信息技术来增强传统司法的能力，进一步完善网络司法的规定，创新网络司法的方式，合法地处理新出现的网络纠纷，严厉打击网络犯罪行为，从而更加有力地维护网络空间的公平与正义。为了不断提高全社会的网络法治意识和素质，我们需要创新法治宣传教育的内容、形式和手段。亿万网民应该自觉地培养守法的行为习惯，就像爱护绿水青山一样爱护网络生态，就像净化空气环境一样净化网络生态。我们应该齐心协力，推动网络空间成为一个有价值、有人文关怀、有情感归属的共同精神家园。我们需要积极地促进网络法治的国际交流与合作，主动参与制定网络空间的国际规则，推进在信息化领域建立国与国之间的互信对话和磋商机制，并联合举办如双多边论坛对话等各种活动。此外，我们还应努力推动双多边国家在网络安全的国际执法和司法方面的合作，并构建一个多样化、多途径、多层次的网络法治国际交流平台，以促进全球共享互联网发展的机会和成果，共同努力构建一个网络空间命运共同体。

（二）发挥市场调节功能，以经济手段调控网络利益

不管是因为谣言的传播、色情的泛滥，还是因为信息的泄露，之

第七章
全方位提高网络综合治理能力

所以会出现形形色色的违背网络安全精神的行为，不外乎是多方利益在某种程度上还没有得到充分满足，引发各种铤而走险的试探。以当前司空见惯的用户信息泄露事件为例，互联网公司或技术专家正是被他人给予的高额回报所吸引，不惜践踏自身的职业操守，甚至触犯法律，而将用户隐私以商品的形式出售给第三方。还有其他传播网络谣言、传播淫秽信息、组织网络赌博等类似的不法行为，其背后必然存在种种利益纠葛。因此，在实施网络综合管理过程中，利用经济策略来有效地平衡各方利益是缓解矛盾和冲突的基本途径。首先要明确的是，我们应该大力推进数字经济，并支持平台经济的持续增长。我们深知平台经济在推动产业转型升级、优化资源配置以及促进经济循环中的核心作用，同时我们也认识到互联网民营企业为市场竞争和科技创新带来的持续活力，这进一步增强了民营企业和互联网行业的信心，并支持这些平台企业在推动发展、创造就业机会和国际竞争中展现其能力。接下来，要最大化地利用数据元素在网络市场高品质增长中的流通功能。

（三）注重依托科技赋能，以技术手段规范网络行为

习近平总书记指出："要全面提升技术治网能力和水平。"[1] 网络空间作为信息技术进步的结果，在技术革新的推动下，正经历着持续变革。对网络空间进行有效管理，技术思维和技术手段是不可或缺的。我们必须遵循基本的技术逻辑，并擅长利用互联网技术和信息化手段来进行工作。我们需要明确互联网"去中心"和"去监管"的技术属性与网络环境中"有中心"和"有监管"的管理需求之间的联系，增强对互联网技术进展的掌控，深度挖掘技术所隐含的管理潜力，加强技术人员的培训，并积极寻找创新方法来加强技术的网络管理。为了

---

[1] 《习近平关于网络强国论述摘编》，中央文献出版社2021年版，第84页。

更有效地预防和应对网络空间的风险，提高预防、发现和处理的能力，我们必须熟练利用最新的技术工具来感知网络空间的动态，加强信息监控，确保信息流通畅通，并为决策提供有力的支持，从而在网络空间治理中取得先机。我们需要正确理解安全与发展、管理与服务、开放与自主之间的关系，并确保技术对技术和技术管理技术在网络综合治理的整个过程中都得到应用。在算法推荐、短视频、网络直播和社交网络等多个领域，我们需要加强研发力度，并持续关注元宇宙、人工智能，尤其是 ChatGPT 等的发展动向，同时加大对其的跟踪研究力度。在推动技术创新的同时，也要确保网络意识形态和政治安全得到有效维护。

三、深化网络生态治理

习近平总书记指出，网络空间是亿万民众共同的精神家园。网络空间天朗气清、生态良好，符合人民利益。网络空间乌烟瘴气、生态恶化，不符合人民利益。谁都不愿生活在一个充斥着虚假、诈骗、攻击、谩骂、恐怖、色情、暴力的空间。[①] 党的二十大强调"健全网络综合治理体系，推动形成良好网络生态"。网络生态治理，是指政府、企业、社会、网民等主体，以网络信息内容为主要治理对象，以营造文明健康的良好生态为目标所开展的弘扬正能量、处置违法和不良信息等相关活动。构建良好网络生态，对于维护公众权益，保障网络安全，提升网络治理能力，推动社会发展意义重大。

网络生态的管理不仅涉及国家安全和公众利益，也关乎每一个社会成员的权益，因此它是全人类都需要面对的问题。自从我国加入国际互联网，我们已经初步建立了一个以法律体系为核心，结合信

---

① 《习近平关于网络强国论述摘编》，中央文献出版社2021年版，第71页。

息技术、监管能力和传播模式的全面、系统和多维的治理结构，并持续地将制度上的优势转化为实际的治理优势，致力于提高网络生态的管理效率。2019年12月，国家互联网信息办公室发布了《网络信息内容生态治理规定》，这一规定为网络信息内容治理构建了一个更加完善的规则网络，并被视为提高网络信息内容治理效果的关键制度研究。

（一）构建良好网络生态对社会建设至关重要

如今，互联网已经转变为意识形态斗争的核心战场、文化繁荣与发展的新领域，以及亿万人民精神世界的新居所。为了适应时代的进步和需求，打造一个健康的网络生态环境，不仅仅是实现党对互联网管理的重要抓手，也是加强社会建设服务亿万民众的有力举措。

维护意识形态安全和政治安全的必然要求。习近平总书记指出，"得网络者得天下"，"过不了互联网这一关，就过不了长期执政这一关"[1]。互联网已成为意识形态斗争的主阵地、主战场、最前沿，能否在互联网这个战场上顶得住、打得赢，直接关系国家政治安全。构建良好网络生态，是不断加强和完善党对互联网领导，始终保证网信事业沿着正确方向前进的现实需要；是有力维护意识形态安全、政治安全乃至整个国家安全的有效支撑；是构建多主体参与治网格局，打击各种违法不良信息，抵制各种错误思潮，牢牢掌握网上舆论斗争主动权话语权的重要手段。

实现国家治理体系和治理能力现代化的重要支撑。当今时代，互联网已经深度融入经济社会各领域，网络治理已成为信息时代国家治理的新内容新领域。构建良好网络生态，运用云计算、大数据、人工智能等信息技术助推社会治理提质增效，是实现国家治理体系和治理

---

[1] 《习近平关于网络强国论述摘编》，中央文献出版社2021年版，第3页。

能力现代化的重要内容，是提高网络治理系统化、科学化、社会化、法治化水平的基本前提。

推动网信事业高质量发展的现实需要。习近平总书记指出，"网信工作涉及众多领域，要加强统筹协调、实施综合治理，形成强大工作合力"[1]。网络综合治理体系内涵丰富、点多面广，涉及网信工作方方面面，影响网信事业发展全局。加快构建良好网络生态，紧跟互联网迅猛发展势头，充分调动各方力量和整合各方资源，建好用好管好网络，方能更好服务经济社会高质量发展，让互联网这个最大变量成为事业发展的最大增量。

（二）网络生态治理面临的形势日益严峻

伴随着互联网技术的飞速进步，各种新的技术和业态层出不穷，这为网络空间治理带来了前所未有的任务和挑战，主要集中在以下几个方面。

一是网络空间意识形态斗争日趋激烈。在信息网络高速发展并逐步迈向智能化的当下，网络早已成为社会大众交换信息、沟通情感的主要平台，并日益成为意识形态斗争的前沿阵地和主战场。借助互联网进行意识形态渗透和价值观的输出，已成为当下不少西方国家的惯用伎俩。在这种形势之下，西方的意识形态以更加多样化和隐蔽的方式，在网络空间对我国意识形态主阵地进行不断地攻击和侵蚀。一些别有用心的国家、组织和个人通过视频、图片、文字等视听资料在网络空间传播中外文化、观念、思想的差异对比，大肆宣扬个人主义、自由主义、拜金主义、享乐主义和历史虚无主义，极力引导群众的思想观念"走偏"，产生意识形态对立，对我国的意识形态安全构成严重威胁。我国的网络意识形态安全以及网络舆论的生态管理面临着许多

---

[1] 《习近平关于网络强国论述摘编》，中央文献出版社2021年版，第45页。

新的挑战。

二是网络空间文明建设有待加强。由于网络空间的匿名性和互动性，网民得以更加自由地表达自己的观点，但这也为网络上的不文明行为创造了一个"滋生地"。"流量为王"的商业策略导致了一些平台在追求利益的过程中变得更加便捷，同时也助长了不良信息的传播，这进一步导致了一系列价值观的扭曲、道德底线的突破以及与社会基本共识相违背的问题在互联网上频繁出现。目前，互联网平台利用其提供的搜索、社交和服务功能吸引了大量的网络用户，使得互联网平台逐渐变成了一个汇集多方信息的"舆论集散地"。由于网络平台追求利润，把商业利润置于首位，这可能会损害公众的利益。尽管网络平台为大众提供了大量的信息资源，但它也使得网络上的信息质量参差不齐。特别是互联网的某些超级平台，已经变成了网络管理中的一大挑战。为了吸引更多的观众流量，一些直播平台和短视频平台采用了各种手段，如诱惑打赏和发布不良内容等，以实现吸引更多观众的目标。另外，在某些网络游戏平台上，为了吸引更多的用户和关注，内容常常以吸引眼球的方式呈现，这容易在网民群体中催生极端的思维模式。这些负面信息的出现和扩散，对社会的稳定和安全构成了考验。与此同时，网络平台的核心职责仍需进一步强化，如何确保平台管理与监管部门之间的顺畅对接，也是网络空间管理中亟待深入研究的议题。

三是智能化技术演进给数据安全带来隐患。如今，大数据、人工智能以及信息技术已经实现了信息科学与物理领域的深度交融。以机器学习算法为核心的技术手段在信息收集和数据分析等多个方面逐渐走向智能化。数据信息的智能处理、大数据爬虫技术以及分析平台的广泛应用，都极大地加快了网络信息的输出和传播速度，为网络空间信息的有效监管和追踪带来了新的挑战。另外，随着用户身份的虚拟伪装技术的发展，网络用户的信息被泄露，这不仅侵犯了公众的隐私，增加了网络犯罪的风险，破坏了社会的正常秩序，同时也给网络安全风险的监测技术带来了巨大挑战。

四是网络治理法律法规有待健全完善。尽管我国已经陆续发布了如《中华人民共和国网络安全法》《中华人民共和国数据安全法》《互联网新闻信息服务新技术新应用安全评估管理规定》和《网络信息内容生态治理规定》等多项法律法规，为依法治网提供了坚实的制度基础，但我国在互联网相关的法律体系方面仍存在明显不足。在网络产业的新兴领域，网络立法的空缺和滞后问题仍然比较突出。以人工智能为例，近年来人工智能的算法推荐和深度伪造等新技术不断迭代升级，并且日益受到更为广泛的关注。这些新技术在给人们带来便捷、创造财富的同时，也给内容安全隐患、用户隐私泄露和不实信息传播留下了一定的空间。由于现有的法律法规和监管手段相对滞后，在一段时间内还难以适应网络内容生产和传播技术快速发展的需要。因此，在新兴的互联网领域中，仍有一些可能构成犯罪的有害行为没有被纳入刑法中，而这显然是对营造良好网络生态的重大挑战。

（三）加强网络生态治理任重道远

信息技术的蓬勃发展必然带来互联网空间"泥沙俱下"，如何加强对互联网空间的治理成为新的时代课题。单一的治理方式已经不能适应快速发展的互联网，必须通过政府、政策法规、技术等多措并举、综合施策，才能创造健康和谐的网络环境。

我们需要加大网络思想阵地的建设力度，确保始终掌握意识形态斗争的主导权。第一，强化主流舆论引导。网络因其虚拟性、开放性和隐蔽性的特质，使得网络意识形态领域的斗争比传统领域更为激烈和隐蔽，同时影响的对象也更为年轻。群众在哪里，工作重点就应当在哪里。在当前形势下，主流媒体应把新媒体平台作为马克思主义理论大众化传播的重要平台，开辟、利用各种网络信息传播渠道，大力

第七章 全方位提高网络综合治理能力

宣传习近平新时代中国特色社会主义思想，持之以恒地弘扬正能量、唱响主旋律。特别是要巩固壮大以中华优秀传统文化、革命文化和社会主义先进文化为代表的主流思想文化，提升网上舆论宣传引导能力，充分发挥主流媒体定心定向、纠偏正向的重要作用。第二，进一步加强媒体的深度整合。推动传统媒体与互联网平台的深度整合是当前和今后较长一段时间内需要关注的重要环节。主流新闻媒体的权威性、准确性和网络新媒体的即时性、便捷性应当得到合理地融合和运用，例如，主流新闻媒体进驻微博、微信公众号、小红书、抖音短视频等社交娱乐和资讯分享平台，以便及时发布最新的新闻资讯和权威解读，同时利用新媒体的议题设置功能来引导用户参与到讨论中来。在高速、智能的信息网络的加持之下，传统媒体可以而且必须建立一个能够适应网络生态环境的新闻采编体系，合理运用信息网络手段将采编、技术和新媒体处理等多个环节有机融合起来，构建优化网络生态环境下的采编流程，从仅仅依托文字和图片供稿的传统模式中开辟出一条融视频、音频、文字于一体的能够满足各种媒体需求的崭新路径，促使新闻采编、信息流转的多层次、全方位、立体化的升级换代，构建形式丰富、内容精良、功能多样、一体联动，真正为网民喜闻乐见的全媒体报道平台。第三，采用灵活的信息传递方式。做好当前的舆论宣传工作，一个重要方面就是"讲好中国故事，传播好中国声音"。新媒体时代，我们必须尽快形成新媒体思维，活用新媒体技术，推进传统媒体的数字化转型，让中国故事、中国声音登上信息网络的快车道，走入世界的各个角落。我们可以巧妙地运用新媒体灵活多变、形式新颖的呈现手法，结合生动有趣、广接地气的"网言网语"来宣传推广党和国家重要的政策制度，为广大民众做好习近平新时代中国特色社会主义思想的学理化阐释，在润物无声中占领主流阵地、纠偏舆论导向、净化网络空间，也使广大网民愿意倾听和观看，从而提高主流意识形态的吸引力、感染力和传播力。

始终坚守道德和法律的双重原则，构建良好网络秩序的坚实基础。强化网络伦理的构建，以提高网民的综合素质。在新时代背景下，网络素养被视为网民所必需的基础能力，它既是确保网络空间风清气正的关键，也是保障互联网健康长远发展的重要基石。主流媒体作为公共文化传播的主力军、主战场，对社会热点、时政焦点的报道和转载应当进行严格甄别和筛选，充分发挥其导向功能。要注重从多个角度和方式全面报道事件的始末以及来龙去脉，同时确保其真实性、通俗性，以提升网民的判断力和鉴别力。借助主流媒体的正确引导和多角度阐释，提高公众理性看待社会现象、分析矛盾问题的能力，进而提升网民的网络素养，使每个人都能在信息洪流面前坚定立场、尊崇理性，而不是盲目跟风或人云亦云。同时，鼓励网民遵循法律和法规，尊重社会和伦理道德。榜样的力量是无穷的。需要充分挖掘我们身边的先进典型，并通过网络平台广泛、深入地传播他们的优秀事迹，以此来教育人、说服人、引导人，特别是用好"中国好人榜"、时代楷模和道德模范等典型素材，加强对中国网络文明大会和中国网络诚信大会等活动的宣传报道，积极营造一个崇德向善、明礼知耻、见贤思齐的网络文明环境。此外，还要进一步完善与网络有关的法律法规，以提高网络管理的法治化程度。在当前阶段，我国的互联网法律和制度尚存在不足，我们必须将网络空间的管理纳入法治的轨道，依法进行网络空间的治理，大力解决网络暴力、网络谣言、算法滥用、网络直播和短视频等问题，以保护广大网民，特别是未成年人的合法权益。在互联网新兴领域，监管机构应借鉴以往直播和短视频监管的成功经验，在新技术和新应用还未在国内产生显著影响的情况下，提前进行干预。这包括提前划定互联网新技术和新应用的"红线"，将"事后监管"转变为"事前规制"，以增强互联网新兴领域立法工作的前瞻性。

注重技术赋能，依托先进科技加速网络空间净化过程。我们能够对网络数据进行智能和精确的监控，并采用先进的技术方法来净化网络环境。我们需要加大对政治敏感性、低级色情内容和广告推广的监督力度，确保对其进行精确的跟踪和监控，以捕捉网络生态管理中的关键时刻。要确保网络信息得到有效的监控和收集，并对网络信息进行适当的引导和处理，以便在其初始阶段就消除不良的网络信息。有必要进一步强化和提升网络信息的智能化和精准化检测、研发审核和拦截等技术手段，特别是在信息审核环节，应加大技术开发力度，着眼于提高广大民众的网络信息素养，发挥好信息审核过滤的"滤网"功能。紧跟信息技术发展，及时对互联网技术进行更新升级，持续加强对相关技术的严格管理，并通过人工审核手段，严格把关视频、音频、图片、文字等各种形式的文件。同时借助大数据等先进技术智能化分析相关信息，实现快速筛选和精准处理，提高信息审核的效率。在互联网技术的开发、升级和应用上，以锲而不舍的精神深耕细作，切实构建起符合自身需要、契合信息技术发展方向的技术监管、防护体系，坚决打击谣言、低俗信息传播等违法违规现象，提高对网络舆论热点、网络信息安全、网络突发事件等方面的应急处理能力，进而打下新时代我国网络生态治理的坚实根基。

四、加强网络文明建设

网络文明是建立在互联网技术基础上的现代文明，是"信息网络社会条件下人类社会文明发展的新形态和新领域"。作为现实社会文明在网络空间的延伸和拓展，网络文明同时也是网络时代中国社会文明的重要体现。当前，网络文明建设正面临各种各样的挑战和机遇，推动社会主义文明建设，营造文明社会氛围，必然要求我们认清这些挑战和机遇，应时而动、顺势而为，把网络文明建设作为推进强国复兴征程的一个重要环节抓紧抓好。

（一）加强网络文明建设的时代意义

习近平总书记强调："文明是现代化国家的显著标志，要把提高社会文明程度作为建设社会主义文化强国的重大任务。"[①] 统筹推进文化强国建设和网络强国战略必然要求把网络文明建设作为新时代社会文明建设的重要内容，不断地培育向上向善、积极健康的网络文化。基于社会主义文化强国建设现状和网络强国战略实施的阶段性进程，新时代全面建成社会主义现代化强国的历史进程中的关键一招就是加强网络文明建设。进入新时代以来，习近平总书记对我国网络文明建设高度重视，多次就相关工作作出重要指示批示。党的十九届五中全会指出，要"加强网络文明建设，发展积极健康的网络文化"，这一指示充分体现出网络文明建设的重要性和必要性。2021年9月14日，中共中央办公厅、国务院办公厅印发的《关于加强网络文明建设的意见》（以下简称《意见》），为新时代网络文明建设指明了一条科学、务实的高质量发展之路，也为扎实推进网络文明建设工作提供了科学指南与根本遵循。

把网络文明建设作为一项事关国运兴衰的重大工程来推进，是党中央网络强国战略布局的题中应有之义。进入21世纪，在汹涌的信息化浪潮之下，现代社会已经不可逆地向数字化转型，信息已经成为各个国家争相获取的关键战略资源。在这种境遇之下，掌握和运用信息的能力自然就成为一个国家综合国力和国际竞争力的重要方面。一直以来，我国网络文明建设面临多重挑战，一方面，改革进入深水区、攻坚期带来的阵痛引发网民对社会各类现象的讨论和思考，给网络舆论的引导带来了层层考验；另一方面，西方敌对势力持续对我国进行污名化导致的国际话语竞争愈演愈烈，同时我国网络基础设施也面临

[①] 《习近平谈治国理政》第4卷，外文出版社2022年版，第310页。

一系列的潜在安全威胁。面对严峻形势，以习近平同志为核心的党中央高瞻远瞩、审时度势，在党的十八届五中全会上审慎分析形势，网络强国战略被纳入"十三五"规划，并由此上升为国家战略。2018年4月，在全国网络安全和信息化工作会议上，习近平总书记深入阐述了网络强国的战略思想，强调要不断提高对互联网规律的把握能力、对网络舆论的引导能力、对信息化发展的驾驭，坚定不移实施网络强国战略。健康的网络生态环境只可能出胎于一个真正的网络强国，而我们党要掌握意识形态领域的主导权，增强抵御外部网络威胁和风险挑战的能力也离不开网络强国战略的支撑，唯有此，我国的网络主权和政权安全才能得到真正保障。而网络文明建设是我们构建网络强国的重要一环，因为这不仅是实施网络强国战略的根本要求，也是推动该战略向更高阶段发展迈进的关键步骤。

建设文化强国同样需要构建一个文明健康的网络空间。《中共中央关于制定国民经济和社会发展第十四个五年规划和二〇三五年远景目标的建议》明确提出到2035年建成文化强国。信息网络时代，网络空间早已成为宏观社会环境的一个重要组成部分，同时也是一个十分重要的文化载体。在互联网成为传播和推广主流文化重要场所的时代背景下，由网络空间孕育出的网络文化自然也成为社会主义文化的重要组成部分。党的十九届五中全会将"促进文化事业和文化产业的繁荣发展，以及提升国家文化软实力"确定为"十四五"时期经济和社会发展的核心任务。但同时我们必须清醒认识到，在当前的网络环境中，网络谣言、网络色情、网络暴力等不文明行为仍然没有得到根除，并正对网络文化生态造成严重破坏。在低俗文化、网络亚文化的侵蚀之下，社会主流文化甚至面临着被边缘化的风险，这些问题的出现有着复杂的社会学因素，同样与西方敌对势力的侵扰破坏不无关系。强化网络文明的建设有助于我们最大限度地发挥网络的积极作用，加速网络内外的互联互通，使健康网络文化的正向效益更加迅速和广泛地影响现实社会；从长期角度看，网络文明的建设也将有助于提升网民的整体素质，从根本上加强主流文化的传播能力和影响力，从而为社会主义文化事业的持续繁荣提供支持。在国家"双引擎"战略的大背景下，强化网络文明的建设不仅是在网络时代深化社会主义文化建设的必然选择，同时也是为了达成共识和引导网络空间的思维，以此更好地推进现代化网络强国的整体建设。

（二）推动网络文明建设迈上新台阶

互联网空间为亿万人民提供了一个共同的精神避风港，使其变得更加美观、整洁和安全，这是所有互联网用户共同承担的责任。在新发展阶段，我们需要加大网络文明的建设力度，培养一个积极而健康的网络文化环境。各级党委和政府都应该承担起责任，在网络的顶层设计、内容建设、道德引导、法律治理和科技赋能等方面持续努力和创新。我们要共同推动网络的文明建设、文明使用和文明上网，发挥道德教育和引导的作用，利用人类文明的优秀成果来滋养和修复网络空间和生态，用新时代风尚来塑造和净化网络空间，共同打造一个美好的网络精神家园。

1. 优化顶层设计，坚持制度引领

在新时代背景下，网络文明建设已经成为我国在网络空间治理方面的新的研究领域，这一建设的进展与我国网络空间的整体发展和管理水平有着紧密联系。为了确保网络文明能够高质量且可持续地发展，国家需要坚持以制度为导向，从战略视角出发，制定一个全面可靠的顶层规划，以确保我们的网络文明建设始终在一个规范化和制度化的轨道上运行。结合当前我国网络文明建设的实际情况和未来网络文化发展的趋势，要注重抓好以下两个方面。

其一，在与网络文明建设相关的制度机制建设和完善方面，要加速推进，尽快构建一个从上到下、多维联动、高效完备的方法体系和运行体系。首先，在任何重大项目或工程的建设运行中，制度建设都是极为关键的一环，对于网络文明建设这个国家战略的重要方面而言尤其如此。近年来，我国在网络文明建设取得了丰硕成果，尤其是网络治理效能提升明显，网民的网络素养普遍得到提高。我们在优化完善相关制度的时候，就要注重汲取实践中积累的重要经验，把我们在网络文明建设内容设定、方向取舍、任务分配、行为约定等方面的考量有机整合到整个制度体系之中，确保从宏观层面、战略层面，制度的导向功能得到充分发挥。其次，把优化完善组织领导结构作为根本性、基础性工作抓好。制度机制运行是否顺畅、落实是否到位，关键在于执行的力度和标准，而这在很大程度上取决于各级党委和行政部门的领导力和执行力是否得到有效发挥。因此，在组织的设立、人员的分工、权责的划定方面必须反复衡量、通盘考虑，最大限度地调动各级党委和行政部门的领导能力，确保各级组织的优势和活力在网络文明建设的过程中得到持续释放，确保各项制度机制能够真正落地生根。最后，把目标导向和问题导向贯穿网络文明建设顶层设计的始终。网络文明建设最终是要服务于国家的战略需要，特别是文化强国建设。因此，在建设发展过程中，应当时刻关注我们在文化强国建设中遇到的理论和现实问题，紧密结合国家的重大战略布局和发展任务来选择努力的方向和工作的重点，及时主动地与国家战略进行衔接和整合，以确保网络文明建设的方向和步伐与网络强国、数字中国建设相一致相统一，实现二者的同频共振，为网络强国和文化强国战略的落地生根提供支撑。

其二，结合实际需要构建更加高效、稳定的制度供给体系，确保网络文明建设始终运行在科学、规范、可持续的发展轨道上。党的十八大以来，我们党高度重视网络文明制度建设，相关的法规体系已经越来越完善。2016年11月7日颁布实施《中华人民共和国网络安全法》，2020年3月1日开始施行《网络信息内容生态治理规定》，2021年5月25日开始施行《网络直播营销管理办法（试行）》，我们在推进依法治网的道路上始终紧跟时代发展步伐。近年来，以中国网络文明大会为代表的一系列重大网络文明创建活动也越来越得到广大网民的关注，"国家网络安全宣传周"的开展也让更多网民对网络文明建设有了越来越深刻的认识。这些法规的制定和重大活动的开展为我们探索建立更安全、高效、公平的网络文明建设制度机制提供了理论依据和现实参考，有益于及时将成熟的经验和做法上升为指导网络文明发展的制度或法规，从而形成行之有效、行之长效、运行高效的制度供给体系。在未来的网络文明建设中，我们必须沿着这条路径继续走下去，确保制度能够真正指导实践、服务于实践。

2. 狠抓内容建设，坚持政治导向

在我们党的新闻和舆论工作中，"讲导向"不仅是至关重要的一环，也是我国各级媒体必须恪守的基本工作准则。"舆论导向正确，就能凝聚人心、汇聚力量，推动事业发展。"① 实践证明，在网络空间树立正确的价值观，营造风清气正的网络生态，必须坚守政治导向原则，将其贯穿网络文明建设全过程，这也是确保守牢思想主阵地、进一步提高网络文明建设成效的根基。习近平总书记在党的新闻舆论工作座谈会上强调："党的新闻舆论工作是党的一项重要工作，是治国理政、定国安邦的大事。"② 信息网络飞速发展的当下，网络空间的一个重要特征就是信息传播主体千千万万。在人人都是"麦克风"的大环境下，传统的主流媒体话语权被网络上的不同声音所消解，主流媒体必须充分认识到自身所面临的严峻形势，在鱼龙混杂的网络信息中坚守"内容为王"的核心理念，以营养丰富、引领时代的内容来吸引网民、打动网民进而引导网民，牢牢把握网络空间正确的舆论导

---

① 《习近平著作选读》第1卷，人民出版社2023年版，第455页。
② 《习近平谈治国理政》第2卷，外文出版社2017年版，第331页。

第七章 全方位提高网络综合治理能力

向，使党的声音通过网络走进千家万户、走进百姓心中。为了达到这个目的，我们需要在内容创作、平台搭建和思维导向三个方面同步努力。

在制作内容的过程中，主流媒体应当坚持以积极的宣传策略为核心，持续弘扬社会主义先进文化，大力宣传具有我党特色的红色文化，着力让中国共产党党史、新中国史、改革开放史、社会主义发展史为亿万民众耳有所闻、目有所及、心有所悟。把学习党的创新理论和党史文化作为网络文明建设的核心任务，把培育健康向上的网络文化作为网络文明建设的基础工程。要在根据相关要求对信息内容严格审核把关的基础上，不断创新、升级我们网络信息内容的表达方式，以逐步增强网络媒介内容的吸引力和传播力。例如，可以合理利用AI、VR、AR等相关技术打造既有丰富内容又有智能化交互形式的融媒体产品，推动内容生态的持续繁荣。针对当前网络应用愈来愈定制化、个性化发展的趋势，注重借力全媒体在内容、渠道、功能方面的独特优势，运用好微博、微信、小红书、抖音、B站等网络媒体平台，丰富图文、视频、音频、H5、动漫、直播等内容形态，创建精确的传播接口，增强正面信息传播，聚力打造一个覆盖全面、精细入微的立体传播矩阵。加强思想引领，坚定正确政治方向，牢牢把握坚持党的领导这个根本政治原则，大力弘扬和践行社会主义核心价值观，唱响主旋律，传播正能量，将社会主义意识形态和价值观整合到日常的宣传活动中，让广大网民在潜移默化中增进对社会主义建设事业的认同和对中华民族伟大复兴的信念信心。特别要注重维护马克思主义在网络意识形态中的主导地位，准确把握重点网络社区的思想动态，充分发挥重点网络社区在思想形塑、政治传播中的作用，同时做好网络社区舆情引导工作，引导网络社区的"居民"用马克思主义观点、立场和方法分析社会重大事件，切实巩固马克思主义意识形态的网络话语权。

3. 坚持以德促管，汇聚向上向善力量

党的十八大以来，以习近平同志为核心的党中央对公民道德建设给予了极高的重视，并倡导在全社会营造一个"崇德向善、见贤思齐、德行天下"的深厚社会氛围。网络文明建设的核心目标是培育网络文化，而实现这一目标的关键环节则是思想和道德的建设。"一个国家如果没有道德就不会繁荣，一个人如果没有道德就无法立足。"类似于现实中的个体，网络主体间的行为方式应符合某种一致的、相互认同的规范和标准，这便是网络道德，它是传统道德观念在网络空间的映射。被视为一种无形的精神动力，它深深植根于广大网民的网络文明修养之中，并在网络实践行为中显现出来，它是规范和约束网民行为的重要保障。尽管如此，由于网络的开放性和其带来的虚拟元素，传统的道德约束正在逐渐被削弱，由此导致的道德失范在网络上频繁出现，有时甚至演变为全民的狂欢。例如，"马保国"的闹剧和"祖安"文化的猖獗等不文明行为，都在持续地削弱社会主义精神文明建设的成果。与此同时，我国的经济正在经历从高速增长到高质量发展的关键转变时期，由于内部和外部环境的变动，经济面临的下行压力逐渐加大，这也可能导致公众舆论的不稳定和各种社会风险的出现。因此，强化网络道德的建设和道德教育的作用已经变得刻不容缓。

习近平总书记在致2021年11月19日举办的首届中国网络文明大会的贺信中强调："要坚持发展和治理相统一、网上和网下相融合，广泛汇聚向上向善力量。"[①] 新时代网络空间加强思想道德建设，首先，应强化主流媒体的责任担当。主流媒体要充分发挥自身影响力和资源优势，主动进行议程设置，宣传如朱光亚、吴孟超等先进人物与时代楷模，发挥模范的榜样示范与道德感染作用，营造崇德向善的网络氛围，打

---

① 《习近平书信选集》第1卷，中央文献出版社2022年版，第369页。

造天朗气清的网络空间,为网络文明建设汇聚起强大的网络道德力量。其次,对于部分道德失范行为,主流媒体应给予正面批评和指正,在全面反映社会现实的同时引领正确的价值导向与道德规范,从而强化道德在网络文明建设中的制约和管理作用。最后,要积极推动精神文明建设活动向网络延伸,聚焦补齐道德建设短板,引导网民加强自律,坚决抵制不良倾向和错误行径。

4. 坚持依法治网,筑牢安全屏障

法律被视为治理国家的关键工具,法治结构是支撑国家治理结构和能力的核心支柱。虽然在当前阶段,我国的社会主义法治建设已经取得了显著的进展,但我们必须面对一个事实,那就是仍有一些违背社会道德和公序良俗的非法行为。因此,在网络文明建设过程中,法律的权威和威慑作用是不可或缺的。网络空间的匿名化和去中心化特性为网民提供了"畅所欲言"的自由,但这种自由的背后也隐藏着一些野蛮生长的现象:侵犯公民隐私、侮辱英雄烈士名誉、电商主播偷税漏税等网络违法行为仍然屡禁不绝;信息技术为诈骗犯罪在互联网领域的转移创造了技术支持的环境;有些西方媒体,包括国内的社交媒体领袖,忽略了历史真相,发布所谓的"精日"和"精美"言论,大力宣扬反华情绪,放大了社会矛盾,煽动了地域歧视和性别对立,这严重威胁了我国的国家安全和社会稳定。鉴于当前网络治理的复杂性和严格性,党的十八届四中全会明确指出,我们需要加强在互联网领域的立法工作,进一步完善网络信息服务、网络安全防护以及网络社会管理的相关法律和法规,确保互联网在法律框架内健康稳定地运作。为了构建一个网络文明的社会并创造一个明亮的网络环境,有效地制止网络违法行为并依法进行处罚是至关重要的。因此,在推进网络文明建设过程中,我们迫切需要将依法治国策略融入其中,真正地完善网络法律的管理体系,确保网络文明的建设既有明确的规章制度,又有明确的法律依据,从而形成一个依法治网的新的法治环境。在法治建设的过程中，我们需要具备问题导向思维，也就是以各种网络混乱现象为导向，及时制定或完善相关的法律和法规，以此来加强网络文明建设的安全防护。

5. 聚力科技赋能，拓展广度深度

在信息化时代背景下，网络文明的成功发展依赖于先进的科技手段。坚定地依赖科技来赋能，是为了加速网络文明的建设并巩固其建设成果的核心策略。从本质上讲，只有我们充分激发科技创新的动力，促进网络传播工具和内容创新以及丰富网络文化内涵时，才能真正提升网络文明建设的质量和效率。尽管技术为人类带来了巨大的效率和便捷性，但它同时也使我们不得不面对其潜在的问题。比如，尽管网络的开放性和共享性使得人们的日常生活变得数字化，但这也带来了隐藏在网络底层的技术和硬件的潜在风险；尽管网络直播为主播和观众创造了跨越时间和空间的共情体验，并为电子商务开辟了新的发展路径，但低俗、暴力和卖丑的直播内容仍然不断地挑战道德和法律的底线；尽管智能算法成功地实现了信息的精确推送和传播效率的提升，但它也带来了大数据"杀熟"和隐私泄露等更深层次的技术风险，给人们带来了不小的危机。

综上所述，我们必须最大化地利用科技在网络文明建设中的积极影响。我们需要积极地与人工智能、区块链等前沿技术接轨，并在网络信息追溯、谣言管理、智能内容审查等关键领域应用这些技术，以促进科技的进步和算法的自我约束；我们必须坚定地结合科技的独立创新和开放性创新，确保关键技术牢固地掌握在自己手中，并竭尽全力突破核心技术的关键"命门"；我们需要加强网络核心技术在网络文明建设中的支持角色，将科技与文明深度融合，推动网络文明建设方法和手段的创新，以不断巩固网络文明建设的成果；我们需要强化网络基础设施建设，并积极促进网络扶贫项目与数字乡村战略的全面实施，以加速缩小不同区域和不同代际之间的数字差距，并通过适老化改造来促使全龄段的群众更加主动和理智地参与网络文明的建设实践；我们需要将网络文明建设与乡村振兴紧密结合，利用"数字引擎"来解决乡村振兴中的问题，确保网络文明建设在广度和深度上都能持续发展。

第八章

推动构建网络空间命运共同体

当前，互联网让国际社会越来越成为你中有我、我中有你的命运共同体，但网络空间命运共同体构建依然面临着诸多风险和挑战。党的十八大以来，习近平总书记把握世界发展大势，顺应信息化时代发展潮流，创造性地提出推进全球互联网治理体系变革的"四项原则"和构建网络空间命运共同体的"五点主张"，并提出了互联网空间的发展、安全、文明的"三大倡导"，为新阶段各国携手构建网络空间命运共同体注入了强大正能量。

一、网络空间命运共同体构建面临的风险挑战

在第二届世界互联网大会开幕式上，习近平主席分析了构建网络空间命运共同体所面临的风险挑战："互联网领域发展不平衡、规则不健全、秩序不合理等问题日益凸显。不同国家和地区信息鸿沟不断拉大，现有网络空间治理规则难以反映大多数国家意愿和利益；世界范围内侵害个人隐私、侵犯知识产权、网络犯罪等时有发生，网络监听、网络攻击、网络恐怖主义活动等成为全球公害。"[①] 这些风险挑战主要聚焦网络空间发展安全和国际治理问题。

（一）互联网发展不平衡，数字鸿沟不断加剧

当前，全球互联网资源权力分布不均衡，网络发达国家处于网络空间食物链上游，而发展中国家处于下游，双方形成不对等、不均衡的地位。这种不平衡使发展中国家进一步遭受发达国家的剥削和压迫。由此，数字鸿沟不断加剧，阻碍了全球的网络空间发展进程。

---

① 《习近平关于网络强国论述摘编》，中央文献出版社2021年版，第153页。

1. 全球网络基础设施不健全

首先，全球网络基础设施建设总体不健全。根据国际电信联盟的官方数据，2021年世界上约有49亿人接触互联网，约占世界总人口的63%，这也意味着约29亿人——占世界总人口37%的人们仍生活在没有互联网的环境中，他们无法享受互联网带来的便利。这29亿人几乎分布在发展中国家，其中约3.9亿人甚至没有机会接触移动宽带网络，无法使用手机等便携式移动设备进行信息交流，信息闭塞让他们的生活愈发艰难。[1]

其次，全球农村网络基础设施建设不健全，城乡差距较大。总体上，全球城市地区的互联网用户比例为76%，农村地区的互联网用户比例则是39%，城市地区互联网用户比例是农村地区的近两倍。从地区上看，欧洲地区的城乡互联网用户比例都在80%以上，差距较小，但亚洲、非洲等城乡地区互联网用户比例差距都在30%以上。[2] 在最不发达的国家和地区，城市居民使用互联网的可能性几乎是农村地区人口的3倍多。农村网络基础设施建设不健全问题成为制约农村经济发展的重要问题。

最后，发展中国家网络基础设施不健全，发达国家和发展中国家网络基础设施建设水平差距巨大。大多数发展中国家中，移动宽带网络是人们接触互联网的主要方式甚至可能是唯一方式。国际电信联盟的数据显示，2021年，最不发达国家移动4G网络的覆盖率仅为53%，3G网络覆盖率为30%，每百名居民中使用宽带网络的只有1.4人。在网络传输速度上，最不发达国家也远落后于发达国家，后者固定宽带的平均网速是前者的约8倍。另据全球移动通信系统协会的预测，到2025年底，北美地区的5G网络覆盖率将超过63%，撒哈拉以南非洲地区仅

---

[1] 国际电信联盟：《2021年全球29亿人仍处于离线状态》，互联网数据资讯网，2021年12月22日。

[2] 国际电信联盟：《2021年全球数字连接状况报告》，互联网数据资讯网，2021年12月4日。

为4%。①发达国家和发展中国家的网络基础设施差距巨大，导致两者数字经济发展、网络空间地位差异不断扩大。

以上数据表明，全球网络基础设施建设总体上仍有发展空间，欧洲和美洲的发达国家网络基础设施建设水平总体较高，而亚洲、非洲的发展中国家网络基础设施覆盖不全面，城乡差距过大。非洲是网络基础设施最不发达的大洲，甚至移动宽带网络的普及也十分缓慢，其信息交流方式仍较原始，与其他地区的差距巨大。网络基础设施不健全成为制约国家科技、经济发展的重要问题。

2. 全球网络科技发展不平衡

网络基础设施的发展水平决定了网络科技发展水平，而网络科技发展反作用于网络基础设施建设。欧美发达国家的网络覆盖率和普及率远超其他国家和地区，它们是以互联网和计算机为代表的第三次科技革命的先行者，在网络技术方面具有先发优势，技术实力强劲。它们为了保持在网络科技的优势地位，对其他国家进行技术封锁。

作为互联网的发源地，美国本土拥有世界上科技实力最强劲的互联网科技公司。英特尔、高通、苹果、谷歌、微软、推特、特斯拉、亚马逊、脸书等公司掌握着诸如芯片、操作系统、网络社交、数字经济等核心软硬件的研发、生产和推广技术，它们具有领先世界的网络科学技术。全球绝大多数人使用的互联网设备都使用美国公司的芯片、搭载美国公司研发的操作系统，人们乐于通过美国公司的软件进行沟通聊天、网上购物、观看视频等。美国互联网科技公司所服务的用户在全球具有数十亿的规模，2022年美国苹果公司成为全球首个市值突破3万亿美元的公司。美国网络科技发展不仅对民众生活产生重要影响，还在工业经济方面发展迅速。2012年，美国通用电气公司提出了"工业互联网"概念，这一概念指的是国家依托大数据和云计算

---

① 国际电信联盟：《衡量数字化发展：2022年事实和数字》，新华网，2023年1月4日。

先进技术，打通多方公私合作渠道，对工业经济进行数字化升级，"工业互联网"是工业经济高效发展的重要方向。此外，美国率先将人工智能与农业发展相结合，减少人力物力成本，推动农业科学化发展。美国军事科技同样与互联网、人工智能相融合，为美军战斗力提升提供技术支撑。从总体上看，美国在网络科技方面掌握着绝对主导权和控制权。

欧洲多国网络科技实力同样不俗，欧盟为此提供大量支持。德国博世公司是全球第一大微传感器制造商，为多数手机和平板提供传感器芯片；西门子公司在电子电气、自动化、人工智能方面深耕多年，其产品线中不乏电子触控屏、互联网通信设备、数控系统方案、工业控制电脑等；德国软件公司SAP是欧洲第一大网络科技公司。具有深厚技术底蕴的德国公司还有很多，这些网络科技公司不仅为民众提供服务，还联合德国政府、科研机构等共同打造"工业4.0"平台，助力工业数字化进程。法国的阿尔斯通、空客等传统科技公司接入工业互联网以推动生产自动化，许多法国公司通过大数据模型来管理企业。英国是欧洲目前拥有最多独角兽科技企业的国家，这些企业大多利用人工智能为民众提供金融、医疗、购物、软件程序等方面的服务。欧盟坚持推进网络科技自主发展，减少对其他国家的外部依赖。2021年3月，欧盟为增强自身网络科技竞争力，发布了《2030数字罗盘：欧盟数字十年战略》，推动企业数字化转型，大力支持人工智能、大数据与企业发展相结合，推进数字技术人才培养。

相较于欧美国家实力强劲的互联网科技公司，非洲国家的网络科技水平总体较低、地区发展不平衡、辐射面较小、影响力较弱。非洲网络科技发展水平较高的国家主要有尼日利亚、加纳、肯尼亚、埃及和南非，它们都分布在沿海地区，撒哈拉沙漠附近的国家发展极为缓慢。受疫情影响，网上办公、购物、金融等市场规模扩大，非洲的网络科技公司迎来了发展机遇，但实现崛起仍要一段时间。以移动支付为例，肯尼亚走在非洲前列，其电子钱包 M-pesa 于 2007 年创立，2021年 1 月肯尼亚移动支付账户超 6000 万个，这与肯尼亚移动设备渗透率高有重要关系，其他非洲国家纷纷效仿，但和欧美亚主要国家的用户数量相比仍差距明显。此外，非洲的网络购物、网络游戏行业正在逐步兴起。①

欧美国家网络科技发展起步早、实力雄厚、人才众多、资金充足、国际话语权大，相较之下非洲、亚洲、拉美等地区由于网络基础设施不健全、网络科技发展起步晚、实力薄弱、人才匮乏、资金不足、国际地位低，加之发达国家近些年采取技术封锁，导致发达国家和发展中国家网络科技差距不断拉大。当我国的网络科技发展触及欧美国家的核心竞争力时，它们便对我国的技术封锁步步紧逼。2018年开始，美国对中兴实行禁运、对华为实施芯片禁令、将我国与国防科技工业有关的重要学校列入"实体清单"、对中国公司收购欧美半导体和信息通信领域科技公司进行阻挠，力图实现其在人工智能、计算机、量子信息、微处理器技术等网络科技相关领域的技术垄断。

3. 全球数字经济多极化格局进一步演进

数字经济与网络基础设施建设、网络科技成果转化息息相关，以大数据、人工智能、云计算等网络科技为基础的数字经济已广泛服务于民众的日常生活。2022 年，从规模看，美国数字经济规模蝉联世界第一，达 17.2 万亿美元，中国位居第二，规模为 7.5 万亿美元。从占比看，英国、德国、美国数字经济占 GDP 比重均超过 65%。从增速看，沙特阿拉伯、挪威、俄罗斯数字经济增长速度位列全球前三位，增速均在 20% 以上。②

欧美国家数字经济比重大，应对疫情风险冲击的能力更强。发达

---

① 胡畔：《解析肯尼亚移动支付巨头 M-Pesa》，移动支付网，2021 年 10 月 26 日。
② 中国信息通信研究院：《全球数字经济白皮书》（2023 年），2024 年 1 月。

国家非常重视数字经济的发展,第一、第二和第三产业数字化比重全面超越发展中国家。在新冠疫情期间,产业数字化能够减少人与人之间的接触,降低人力成本,提高生产和运输效率。产业数字化率低的地区更加依赖线下和传统人力,如非洲许多国家的制造业和零售业的主要形态是家庭式作坊。此外,美国、英国、德国等为保持数字经济领先地位,接连制定顶层战略,在人工智能、量子通信、5G技术等领域不断扩大优势。美国政府从2011年开始将互联网科技同制造业相结合,先后提出了先进制造伙伴计划、大数据研究和发展计划、国家人工智能研发战略计划、5G国家安全战略等。2021年,美国在人工智能、微电子、5G等领域投入70亿美元经费[1],推动实体产业数字化转型,让更多美国企业工厂回流。在欧洲,德国和英国等国家将工业互联网和制造业进一步结合,减少成本、增加产能、降低不良率,进一步拉开同发展中国家的差距。

(二)网络安全问题频发,风险挑战不断增大

当前,网络空间推动各国命运联系日益紧密,与此同时,网络空间安全问题也成为全球性非传统安全问题之一,要求各国协同治理。由于国际互联网发展不平衡,导致网络安全问题对不同国家的影响不同,不同国家对网络空间安全问题的态度也不相同。国际网络空间长期处于无政府状态,各国对网络空间安全问题的看法长期无法统一,加上意识形态、社会制度的差异,不同国家各自为政,网络安全合作推进缓慢,国际社会对人类命运共同体缺乏共识,导致网络安全问题日益猖獗。

1. 网络攻击日益严重

构建网络空间命运共同体,要求世界各国共同把握机遇、应对风

---

[1] 刘德娟:《美国2021财年预算分析》,《全球科技经济瞭望》2020年第35期。

险挑战，但许多国家为维护自身在网络空间的利益并损害其他国家的正当权益。网络攻击是指针对网络基础设施、网络信息系统、网络通信设备的攻击行为，目的是破坏网络的正常运转和使用。网络攻击主要包括浏览器攻击、拒绝服务攻击（DDoS）、蠕虫攻击、扫描攻击、恶意软件攻击等。

近年来，网络攻击更加专业化、攻击频率不断加快、攻击强度不断上升、攻击造成的不利影响日益严重。2020年新冠疫情暴发，一方面推动了网络普及及数字经济的蓬勃发展，但另一方面远程办公也给网络攻击提供了更多的漏洞和机会。网络基础设施，无论是光纤线缆、计算机还是网络运行程序和软件，都是人造产物，存在设计缺陷和漏洞，网络运行中的这些薄弱环节正是网络攻击者的攻击目标。当网络规模不断扩大并成为国民经济和人们日常生活中日益重要的一部分时，漏洞和风险也不断增多，给人类社会带来困扰。

网络攻击专业化趋势加强。多数网络攻击者的身份从个人黑客转变为政府雇佣军。360集团发布了网络攻击相关报告，报告指出：美国网络攻击者"从以前的个体性黑客发展成为NSA（美国国家安全局）和CIA（美国中央情报局）牵头的有规模有组织的网军"。以前发动网络攻击的个人黑客主要目的是窃取数据和财产，如针对企业秘密、银行账户、个人隐私等。2021年7月21日外交部例行记者会上，赵立坚指出中国受到来自美国的网络攻击次数最多，美国已成为全球网络攻击的最大黑客。2022年，中国网络安全部门掌握了美国国家安全局对西北工业大学进行严重网络攻击的确凿证据。网络攻击专业化给跨国网络安全合作蒙上一层阴影。

网络攻击日益频繁。在勒索攻击领域，安恒研究院猎影实验室发布了《2023年全球勒索软件态势报告》，报告显示，2023年全球勒索软件攻击次数较去年大幅增长，达到4832起，相较2022年的2640起，增长幅度惊人。这一增长不仅体现在数量上，更体现在攻击的全球性和蔓延趋势上。①网络攻击日益频繁，造成的损失愈发严重，这让越来越多的国家政府、企业和个人不堪重负，它们需要花费更多人力、物力、财力来保障自身网络安全，甚至会引起被攻击国家的报复性打击，导致各国在网络空间相互攻击，网络空间低烈度冲突日益严重，完全背离了构建网络空间命运共同体的初衷。网络攻击的日益频繁造成了大量的资源浪费和国家维护网络安全的压力，严重冲击了网络空间领域政治互信的构建。

网络攻击造成的不利影响日益严重。受雇于一国政府的网络攻击者会将攻击目标从一般对象转变为维持国家正常运转、企业发展和个人生活的重点领域及关键部门等，攻击烈度也在不断上升。国家重要领域遭受网络攻击的事件数不胜数，以能源为例，2015年乌克兰电力公司遭网络攻击，一半以上地区大规模停电；2019年委内瑞拉电力同样遭受攻击导致停电；2021年，美国最大输油管道商科洛尼尔能源输送业务因网络攻击而停摆，数十州因能源短缺而进入紧急状态，这是当年网络攻击造成最大损失的安全事件。此外，许多大型知名网络科技企业都曾遭受过严重的网络攻击，苹果公司曾于2021年遭受5000万美元的勒索软件攻击；特斯拉工厂摄像头遭受网络攻击，10余万监控访问权限被盗取；IRM云服务因网络攻击而短暂瘫痪；微软、谷歌、甲骨文等都被爆出大量安全漏洞而遭受攻击。网络攻击者热衷于窃取网络科技公司数据以获利，许多黑客组织"招兵买马"，希望拉拢更多就职于巨头科技公司的内部员工。针对个人日常生活的网络攻击也十分猖獗。民众使用的手机、电脑等便携式移动设备的漏洞破解难度更低，面临的风险更大。以数据泄露为例，2021年两名犯罪分子爬取并盗走淘宝大量用户数据，经核实后发现数据总量竟有12亿之多。网络攻击对国家、企业和个人造成的不利影响呈现扩大趋势，严重侵犯了

---

① 安恒研究院猎影实验室：《2023年全球勒索软件态势报告》，2024年。

国家网络主权、企业发展利益和个人正当权益。

国家重要领域、网络科技公司、普通联网用户都在遭受越来越多、越来越严重的网络攻击，而网络攻击者成分复杂，有西方大国政府背景的网军，有实力强大的规模化黑客组织，也有以个人为单位的犯罪分子。防范网络攻击的形势日益严峻，每个国家都有自己难以解决的痛点问题，在维护网络安全方面都有自己的利益诉求，一些国家彼此间还站在了网络空间的对立面，这些问题都给构建网络空间命运共同体增添了障碍。

2. 网络监听层出不穷

网络监听一般是对网络运行状态、网络信息数据传输及网络用户对象的监视和控制，黑客利用网络监听技术可在网络中的任意位置获取其他计算机的权限并隐藏式地窃取任意有利信息。实施网络监听的主体包括国家、私人组织和私人个体，大规模网络监听事件的幕后黑手主要是西方发达国家。网络监听层出不穷，不利于各国在网络空间形成战略互信，也破坏了构建网络空间命运共同体的合作基础。从微观层面来看，网络监听侵犯了个人隐私与企业正当利益。从宏观层面来看，网络监听破坏了其他国家的网络主权，挑起了国家间的敌对和冲突，甚至引来更加严重的报复手段。在各国日益重视网络安全和数据安全的背景下，网络监听无疑是对他国的严重挑衅。

3. 网络犯罪屡禁不止

习近平总书记在2020年中央全面依法治国工作会议上指出："网络犯罪已成为危害我国国家政治安全、网络安全、社会安全、经济安全等的重要风险之一。"[①] 网络犯罪一般指针对和利用网络实施的犯罪，其目的是破坏网络安全秩序并从中牟利。其包括以网络为对象的犯罪和以网络为工具的犯罪，许多网络攻击和网络监听的案例也属于以网络

---

① 《习近平著作选读》第2卷，人民出版社2023年版，第583页。

为对象的犯罪。以网络为工具进行非法牟利的犯罪,主要包括以下类型:网络人身犯罪(如网络造谣诽谤、网络身份信息盗用)、网络财产犯罪(如电信网络诈骗)、网络秩序犯罪(如网络淫秽色情传播、网络赌博)、网络生产犯罪(如违禁物品网上流通售卖)等。

网络犯罪中,网络诈骗和赌博数量最多、危害巨大、打击难度大,不利于形成网络空间和谐生态。在类型众多的网络犯罪中,涉及金额最多、涉案人员范围最大的是电信网络诈骗和网络赌博。根据最高人民检察院网上报告厅消息,2020年涉嫌网络犯罪被检察机关起诉的人数超14万[1],其中网络诈骗和网络赌博占网络犯罪总数的六成以上。由于网络空间的即时性、流动性、匿名性等特点,电信诈骗及开设赌场人员可以隐蔽地、快速地实施犯罪活动。近年来,网络诈骗赌博和赌博逐渐形成一条黑色产业链:上游的公民信息窃取及售卖、中游的网络诈骗及赌博、下游的网络洗钱等。网络诈骗和赌博近年来手段不断更新,诈骗人员冒充多种身份获取被害人的信任,网络赌场隐藏在互联网的许多角落让受害人防不胜防。网络诈骗人员和组织赌博人员近年来呈现团伙化、跨境化作案,许多犯罪集团在缅甸、印度尼西亚一带实施犯罪活动,打击难度大。此外,网络诈骗和赌博的受害者呈现年轻化趋势,受害者善于使用网络但心智不成熟,容易受到利益诱惑而被欺骗,对我国互联网良性运转危害巨大。

网络犯罪中,其他类型犯罪同样屡禁不止,无法完全根除。随着网络使用人群数量的不断增长,网络人身犯罪数量逐年增多,网络水军、黑公关、造谣抹黑等行为泛滥不止。例如,演艺界的某些从业人员及粉丝形成了"饭圈文化",对竞争对手进行人身攻击,大量未成年粉丝为维护偶像形象被怂恿和教唆进行网络诽谤和造谣,这严重破坏了我国青少年群体的身心健康发展。此外,网络色情也是网络空间一

---

[1] 高健:《最高人民检察院通报,去年起诉涉嫌网络犯罪人数上升近五成》,《北京日报》2021年4月8日。

大毒瘤。在人们常用的软件程序中，或多或少存在色情信息，甚至存在大量色情网站，这些网站不仅传播淫秽色情，还和组织卖淫、非法药物及工具售卖联系在一起。在购物软件上，许多网店明面上售卖正规商品，私下却进行管制刀具、枪械、毒品、迷药等多种类违禁品的销售，这些违禁品的生产厂家来自世界各地，产业链条完善，需多个部门跨国协调统一处理。

为净化网络空间，国家互联网信息办公室从2021年起开展"清朗行动"，主要围绕打击网络谣言、打击短视频和直播乱象、未成年人网络环境整治、应用程序服务乱象整治、打击流量造假和黑公关及网络水军等人民群众关注的热点痛点问题。2021年全年累计清理违法和不良信息超2200万条，处置账号超13.4亿个，处理主播超7200人，关闭网站超3200家。[①]2022年，抖音、快手、哔哩哔哩、虎牙等视频直播平台和微信、微博、知乎等社交平台被责令进一步整改，网络淫秽色情、恶意营销、造谣抹黑等行为得到有力遏制。

总体上，网络犯罪种类繁多、案件数量大、社会不利影响大，公检法机关每年都严厉惩治网络犯罪行为，但由于网络犯罪的成本及收益不成正比，相较于传统犯罪，网络犯罪风险更低、收益更高，因此每年有大量人员走上网络犯罪的不归路。相当多类型的网络犯罪牵扯多国的产业链条，而各国对某种行为的法律定性、处罚的严厉程度及国家间的司法合作进度不尽相同，给中国打击网络犯罪的行动增加难度，并在一定程度恶化了国家间的关系。此外，网络犯罪层出不穷，分散了各国在网络空间的注意力，各国合作共同打击网络犯罪的行动仍处于起步阶段。

4. 网络恐怖主义快速蔓延

网络恐怖主义是传统恐怖主义与网络空间的结合，一些恐怖主义势力利用网络从事破坏性活动并传播恐怖主义思想。一般的网络攻击、

---

① 郭倩：《国家网信办：2021年累计清理违法和不良信息2200万余条》，央视网，2022年3月17日。

网络监听和网络犯罪主要是为了窃取数据、非法牟利、侵犯公民隐私及财产，网络恐怖主义分子会在前三者基础上带来更深层次的负面影响——对民众的精神状态和国家意识形态将造成不可逆的摧毁。

网络恐怖主义活动中，宣传、美化、煽动恐怖主义思想的手段多样化，导致恐怖主义传播不断加快。传统的恐怖主义活动依赖面对面的交流，传播范围往往局限于恐怖主义者所在区域附近，恐怖主义者宣传恐怖思想的媒介也局限于印刷物和语言，传播范围有限、影响有限。随着网络技术的进步，网络恐怖主义宣传手段也在不断更新。恐怖主义者在网络上开设网站，传播恐怖组织领导人公开讲话、恐怖破坏活动等视频，针对不同国家设立不同的语言体系，让更多的人直观受到恐怖主义的心理冲击。除了血腥和恐怖外，极端恐怖组织还会专门发行电影、音乐和网络游戏来传播恐怖主义思想。许多年轻人在网上受到洗脑后转变为个人恐怖分子，并在本国开展"独狼式"破坏活动。除了恐怖主义思想网络宣传外，恐怖组织还特意编造浪漫故事以吸引女性加入。

在网络恐怖主义活动中，恐怖分子会采取其他多种手段配合以达到散布恐怖主义的目的。近年来，恐怖分子利用互联网扩大影响力，甚至出现了专门在网络空间从事破坏活动的专业人员。恐怖分子散布网络谣言，不依靠现实的破坏活动，同样能达到散播恐怖气氛的目的。利用网络，恐怖分子能更加快速、隐蔽地筹集资金，随着各国对恐怖组织银行账户的大力查处和冻结，恐怖分子在网站上发布募集资金的公告并利用比特币等虚拟货币直接获取资金，借此绕过各国支付系统监管，一些恐怖分子甚至通过网络金融投资以达到"洗钱"的目的。

网络恐怖主义的人员专业化、手段多样化、危害扩大化，成为国际社会亟待解决的痛点问题。恐怖主义势力利用网络空间进行的违法犯罪活动超越了地域限制，全球范围内随时随地可能会发生"独狼式"恐怖袭击，但通过国际合作打击网络恐怖主义并非易事。此外，网络恐怖主义和宗教极端主义、民族狂热主义相融合，一些宗教为了维护自身地位利用恐怖主义铲除异己，打击恐怖主义并维持民族团结、减少宗教摩擦是另一项艰巨任务。因此，遏制网络恐怖主义的蔓延，化解网络恐怖主义带来的风险挑战，营造清朗、和谐的网络空间，是构建网络空间命运共同体的必然要求。

二、推进全球互联网治理体系变革的"四项原则"

互联网发展不平衡问题导致不同国家的数字鸿沟不断拉大，网络攻击、网络监听、网络犯罪、网络恐怖主义等一系列网络安全问题严重侵犯了国家主权、损害了企业与个人在网络空间的正当权益，网络霸权主义、强权政治的欺凌导致网络空间国际新秩序未能有效构建。习近平总书记关于构建网络空间命运共同体的重要论述，对网络空间风险挑战提出了解决方案。"四项原则"勾勒出网络空间命运共同体的构建蓝图，为全球网络空间健康有序发展奠定基调。

（一）尊重网络主权

尊重网络主权是"四项原则"的首要原则，是构建网络空间命运共同体的前提和基础。"《联合国宪章》确立的主权平等原则是当代国际关系的基本准则，覆盖国与国交往各个领域，其原则和精神也应该适用于网络空间。"[①] 在网络空间起步和发展的最初阶段，使用互联网的人们将网络空间视作个人自由发展的空间，国家主权未对网络空间进行过多限制，这成为西方发达国家鼓吹"互联网自由"的历史缘由。不同于西方国家主张的"网络空间自由论"，中国始终坚持主权在网络空间适用的主张，承认和尊重网络主权实质上是维护各国在网络空间

[①] 《习近平关于网络强国论述摘编》，中央文献出版社2021年版，第153页。

发展的正当利益、坚决同西方网络霸权主义作斗争的必然选择。网络空间是人类社会的新领域、新空间，主权国家是国际社会的基本成员，只有承认和尊重网络主权，才能真正让各国平等参与全球互联网治理体系变革和构建网络空间命运共同体的进程，网络空间发展才能走上正轨。

对于网络霸权国家来讲，最好没有网络主权，这样它可以自由出入于网络空间的每个节点和角落；但对于中国这样的发展中国家而言，网络主权却是管辖本国网络、维护本国网络安全的前提。若没有网络主权，网络安全也就失去了根基。需要指出的是，中国强调尊重网络主权，不是要割裂全球网络空间，而是强调在主权平等的基础上，各国无论互联网发展快慢、技术强弱，参与权、发展权、治理权都应是平等的，都应得到有效保障。当前，我们要将网络主权视为国家主权的最新制高点，因为网络主权的提倡，也是对网络强权的有力反击。正如习近平总书记强调的，要理直气壮维护我国网络空间主权，明确宣示我们的主张。[①]

（二）维护和平安全

一个安全稳定繁荣的网络空间，对各国乃至世界都具有重大意义。在现实空间，战火硝烟仍未散去，恐怖主义阴霾难除，违法犯罪时有发生。网络空间，不应成为各国角力的战场，更不能成为违法犯罪的温床。网络空间没有和平与安全，便失去了健康有序发展的前提。

要推动全球互联网治理体系变革、构建网络空间命运共同体，实现网络空间的和平与安全必不可少。首先，关于网络霸权主义，中国始终反对一切霸权主义和双重标准，反对网络空间的欺凌行径。"维护网络安全不应有双重标准，不能一个国家安全而其他国家不安全，一

---

① 《习近平关于总体国家安全观论述摘编》，中央文献出版社2018年版，第178页。

部分国家安全而另一部分国家不安全，更不能以牺牲别国安全谋求自身所谓绝对安全。"① 其次，各国应该共同努力，防范和反对利用网络空间进行的恐怖、淫秽、贩毒、洗钱、赌博等犯罪活动。不论是商业窃密，还是对政府网络发起黑客攻击，都应该根据相关法律和国际公约予以坚决打击。最后，维护网络空间和平安全不是一国或少数国家的事，而是全人类的共同使命。各国在网络空间的和平与安全不是此消彼长的关系，而是一荣俱荣、一损俱损。要维护网络安全便不能让网络空间的违法犯罪日益猖獗，各国应携起手来，共同打击网络安全问题，营造一个清朗和谐的网络空间，推动网络空间健康有序发展。

（三）促进开放合作

网络空间一系列问题属于全球性问题，各国都无法独善其身，构建网络空间命运共同体离不开各国的努力参与。互联网作为第三次科技革命的重要产物，给人类社会生产生活带来深刻变革，有力推动人类历史向前发展。发展属性是网络空间最重要、最突出的价值属性，开放合作是各国在网络空间和平发展的机会窗口。习近平总书记指出："完善全球互联网治理体系，维护网络空间秩序，必须坚持同舟共济、互信互利的理念，摈弃零和博弈、赢者通吃的旧观念。"② 开放合作涵盖了政治、经济、文化、社会生态等各个领域，坚持网络空间开放合作，发挥网络互联互通的积极作用，有利于人类社会共同推动网络空间持续向好发展。

中国始终秉持开放包容的态度，倡导与世界各国共同治理网络空间，展现出了独特的智慧与行动方案：一是深化共识，通过持续举办世界互联网大会等高端平台，倡导求同存异、相互理解，汇聚全球智

---

① 《习近平关于网络强国论述摘编》，中央文献出版社2021年版，第154页。
② 《习近平关于网络强国论述摘编》，中央文献出版社2021年版，第154页。

慧，为网络空间的和平与发展奠定坚实的共识基础；二是强化共建，依托"一带一路"倡议，中国不仅投入大量资金与技术资源，更致力于构建跨国界的网络基础设施，增强互联互通，助力沿线国家提升网络发展水平，中国的努力向世界展示了我们共建网络空间的态度；三是倡导共享，中国在网络空间中推出多个建设方案，如数字中国等，旨在找到利益交汇点，以便让世界各国都能搭乘快车，共享互联网的发展成果，实现真正意义上的互利共赢。

（四）构建良好秩序

网络空间和人类社会的其他任何空间一样，不存在绝对自由。人们在网络空间中享有的自由建立在良好秩序的基础上，秩序是实现自由的重要保障。构建网络空间良好秩序，推进网络空间治理规范化、制度化进程，为共同解决网络安全问题、打击网络霸权主义提供制度保障，是未来全球网络空间健康有序发展的必由之路。要解决网络空间存在的发展、安全和治理难题，必须建立行之有效的制度框架。推动构建网络空间国际新秩序，是网络空间命运共同体的重要组成部分。

为了防止网络空间沦为负面信息的温床，我们必须坚定不移构建一个良好的网络环境。第一，要发挥法治与德治齐抓共管、相辅相成的作用。一方面，构建良好的网络秩序，需要一套科学、合理且与时俱进的法律法规体系。当前，国际社会和中国都已出台了一系列旨在规范网络行为的法律法规，为网络空间的健康发展提供了坚实的法律保障。另一方面，与法律相比，道德虽无直接的惩罚机制，但其深入人心的影响力能够潜移默化地提升网民的文明素养，引导网络行为向善向美。第二，构建良好网络秩序还需对政府职责与网民权利义务进行有机结合。政府部门作为网络空间治理的主导力量，应在立法的基础上加强监管力度，对违法违规行为零容忍，确保法律的严肃性和权威性。同时，广大网民也应积极履行自己的义务，自觉遵守网络法律法规和道德规范，主动参与到网络秩序的维护中来。中国拥有庞大的网民群体，每一位网民的自觉行动都是构建良好网络秩序的重要力量。

三、构建网络空间命运共同体的"五点主张"

"五点主张"是习近平总书记关于构建网络空间命运共同体重要论述的重要内容，这些主张涵盖了基础设施建设、经济发展、文化交流、安全维护及国际治理方面，为网络空间命运共同体的构建提供了科学路径，是中国进行网络空间国际合作的行动指南。

（一）加快全球网络基础设施建设，促进网络互联互通

网络基础设施是各国进入网络空间的物质基础，也是全球网络空间互联互通的重要前提。但不同国家网络基础设施建设存在不小差距。中国政府始终坚持维护世界和平、促进共同发展的外交宗旨。中国技术公司坚持为其他国家提供优质网络通信基础设施服务，致力于缩小网络空间南北差距，提升发展中国家网络空间建设水平。加快全球网络基础设施建设，提升网络空间互联互通的速率，让更多发展中国家享受到互联网带来的红利与机遇。

首先，强化信息化基础设施建设，尤其是宽带网络的铺设。鉴于互联网技术的效能高度依赖于完善的基础网络架构，缺乏这一基石，其潜力将无从释放。在当今社会，现代化与信息化深度融合，5G网络、人工智能等新兴基础设施正深刻改变着我们的生活，它们与通信、交通系统紧密相连，构成了社会发展的血脉。因此，加速传统基础设施的转型升级与新设施的广泛覆盖，利用技术创新推动基础设施的优化与防护升级，是促进国家经济、政治、文化等领域全面网络化的必由

之路。其次，针对网络基础设施发展不均衡的问题，特别是欠发达地区，需加大扶持力度。全球范围内，网络基础设施的发展水平仍存在显著差异。为缩小这一信息鸿沟，各国应增强国际合作，通过信息交流与资源共享，促进落后地区的快速发展。最后，网络发达地区应承担起责任，提供资金、技术等关键援助，助力落后地区构建坚实的网络基础。中国提出的"一带一路"倡议，旨在与沿线国家携手构建网络设施共同体，让网络福祉惠及更广泛人群。国内层面，东西部及城乡之间的互联网普及差异亦不容忽视。众多偏远地区因条件限制，难以接入互联网。为此，中国正通过加大投资、资源整合，持续扩大互联网覆盖范围，特别是"宽带中国"战略的实施，旨在消除网络基础设施的"最后一公里"障碍，助力农村脱贫与乡村振兴。构建网络空间命运共同体的宏伟蓝图，必须将网络基础设施建设置于核心位置，推动互联网的普及与应用，让全球更多国家和地区能够共享网络空间带来的发展机遇与成果。

（二）打造网上文化交流共享平台，促进交流互鉴

一花独放不是春，百花齐放春满园。网络空间信息传播速度快、效率高，能超越地理距离限制，是传播各国优秀文化的良好载体。针对霸权主义国家控制舆论、引导舆论的不良行径，各国更应携手打造网上文化交流共享平台，取长补短、共同进步。中华民族优秀文化应抓住中国互联网迅速发展的良好机遇走向世界，向世界展示东方之美。网络空间是中华文化和各国优秀文化交流的重要平台，中华文化和其他优秀文化交流互鉴、取长补短，有利于推动人类文明共同发展、繁荣进步。

第一，强调"内容为王"，传输文化正能量。互联网以其独特的魅力，能够将传统文化以新颖、引人入胜的形式重新包装，使之更贴近广大网民的喜好，从而在满足网络用户需求的同时，赢得社会的广

泛认同与赞誉。正能量的广泛传播，不仅为网民营造了一个积极向上、健康和谐的文化氛围，还激发了他们更强的社会责任感与担当精神。

第二，尊重文化多样性，包容互鉴。人类社会的持续进步，离不开不同文明之间的交流与融合。随着信息技术的飞速发展，互联网已成为文化传播的重要载体，为多样化的文化交流搭建了广阔的平台。然而，值得注意的是，部分西方国家利用其在互联网领域的优势地位，推行话语霸权，这在一定程度上阻碍了全球文化的平等交流与共同发展。因此，我们呼吁在推动网络文化交流的过程中，秉持尊重与包容的原则，以开放的心态对待各国文化，共同促进世界文化的繁荣与多样性。

第三，倡导创新融合，推动网络文化产业发展。当前，以大数据、云计算为代表的信息技术正以前所未有的速度与文化产业深度融合，为传统文化产业注入了新的活力与生机。为了加快传统文化产业的转型升级步伐，我们必须勇于创新、敢于尝试，充分利用信息技术的力量为文化传播提供强有力的技术支持。通过创新融合，我们可以实现文化传播形式的多样化与丰富化，如数字博物馆的兴起、网络广播的普及等。这种深度融合不仅满足了人民日益增长的文化需要，还促进了全球文化的多元化发展。而网络空间命运共同体的构建，则为我们打造了一个开放、流动、共享的文化交流平台，为全球文化的繁荣与发展奠定了坚实的基础。

（三）推动网络经济创新发展，促进共同繁荣

网络空间是推动经济全球化纵深发展的重要因素之一，互联网发展为人类社会创造了多领域、多层次、多种类的经济发展新机遇，助力世界经济结构转型升级。网络空间与经济发展深度融合，网络经济应运而生。推动网络经济创新发展，发挥网络空间便捷、快速的优势，有利于降低经济运行成本、减少资源浪费。网络经济技术创新有利于增强经济竞争力，为世界经济健康有序发展做出突出贡献。网络空间

为传统经济赋能，推动传统产业数字化转型，有利于提升经济发展质量、转变经济发展方式。网络经济已成为后疫情时代推动世界经济增长的最大增长点和最强劲动力，推动网络经济创新发展对所有国家而言有百利而无一害，符合全人类在网络空间的共同利益。

首先，以科技创新为核心驱动力，加速数字经济的发展步伐。数字经济，作为新兴的经济形态，已成为推动国家经济增长的关键引擎。通过科技创新，促进实体经济与数字经济的深度融合，激发共享经济、平台经济等新型业态的活力，是实现实体经济高质量发展的必由之路。当前我国一些核心技术仍受制于人，我们必须加大科技创新力度，聚焦核心技术的自主研发，以确保在互联网领域的主动权和竞争优势。其次，加强国家间的产业联合与合作对于提升全球网络经济的竞争力至关重要。经济与技术领先的国家已率先在网络市场中占据优势地位，而落后国家则面临巨大挑战。在网络经济崛起的背景下，单一企业难以独领风骚，唯有通过国际合作，加快核心技术研发，才能有效提升全球竞争力。中国作为负责任的经济大国，积极倡导并实践国际合作，通过跨境电子商务、信息经济示范区建设等方式，促进全球投资和贸易的繁荣与发展。我们鼓励并支持中国互联网企业走出国门，推动网络经济的共享与共赢。最后，培养网络经济技能人才是支撑网络空间经济持续发展的关键。世界各国都应加大对创新型人才和网络经济技能人才的培养与教育投入。国家层面，可以出台更多支持政策，增加资金投入，优化人才引进机制，吸引更多优秀人才投身网络经济事业。同时，教育机构应坚持理论与实践相结合的教学模式，通过实战演练增强学生对专业知识的理解和应用能力，并制订创新型人才培养计划，为网络经济的蓬勃发展输送高素质人才。

（四）保障网络安全，促进有序发展

网络安全是网络空间健康有序发展、人类社会平稳发展的重要前

提，也是促进各国政治、经济、文化交流的重要保障。保障网络安全，促进有序发展是构建网络空间命运共同体"维护和平安全"原则的实践要求和具体体现。维护网络安全，离不开世界各国的共同努力，中国致力于加强与其他国家网络安全合作，积极开展双边和多边安全合作议程，通过论坛、协定、公约、联合声明等多种形式切实维护网络安全合作成果。

首先，完善空间法律制度是维护网络空间秩序的基础。许多人误以为网络空间是法外之地，从而肆意违法乱纪。然而，网络空间虽赋予我们前所未有的自由，但这份自由必须在法律的框架内行使。全球社会应该制定统一的网络空间法律制度，各国应达成统一方案并付诸实践，这样才能确保网络空间安全。其次，提升网络道德建设水平是维护网络空间秩序的另一重要支柱。法律之外，网络道德作为衡量标准，通过社会舆论和内心信念来调节网络关系，要求人们在享受网络自由的同时，自觉遵守规范和准则，主动抵制网络犯罪行为。此外，定期开展网络教育活动，以正确的价值导向整治网络空间乱象，也是提升网络道德水平的有效途径。最后，建立网络舆情分析体系是应对外部威胁、保障网络安全的关键举措。面对西方发达国家利用互联网优势进行窃听、监听和控制社会意识形态的行为，我们必须通过高科技手段加强对互联网舆情的监测，以防不实言论的扩散。同时，主流媒体应肩负起责任，提供准确客观的信息，明确和坚定原则立场，做好舆论引导工作，及时纠正过激言论，共同构建网络空间命运共同体。这一过程中，我们必须认识到维护网络安全是世界各国的共同责任，需要携手合作，共同应对挑战。

（五）构建互联网治理体系，促进公平正义

现有的网络空间国际秩序相对松散无序，西方发达国家在网络空间中占据主导地位。但各国在互联网治理体系的地位不应由实力决定，

而是要根据主权平等原则决定。构建互联网治理体系，促进网络空间的公平正义，有利于激发各国参与构建网络空间命运共同体的积极性和创造性。网络空间是全人类共同生活的新领域、新空间，推动构建国际互联网治理新体系，"不搞单边主义，不搞一方主导或由几方凑在一起说了算"[1]。

第一，坚持多边参与、多方参与的治理原则。习近平总书记曾说："国际网络空间治理应该坚持多边参与、多方参与，发挥政府、国际组织、互联网企业、技术社群、民间机构、公民个人等各种主体作用。"[2]这一体系不仅应确保各国平等参与的权利，还应尊重并考虑各国治理模式的独特性。在此过程中，加强各主体间的合作交流至关重要，让治理主体发挥出与自身相匹配的优势。第二，完善网络空间的对话协商机制是不可或缺的一环。中国始终反对单边主义，倡导在全球范围内建立网络空间对话体系，以便更高效地应对全球互联网面临的挑战与问题。第三，构建全球互联网治理体系是一项紧迫而复杂的任务，需要全球各国的积极投入与共同参与。网络空间作为全人类的共同家园，其治理体系的构建离不开各国间的紧密合作与责任共担。我们追求的互联网治理体系应反映绝大多数国家的利益与愿望，确保网络空间治理的公平性与正义性。习近平总书记提出的网络空间命运共同体理念，为全球互联网治理体系提供了新的视角与方案，促进了互联网的开放共享，对构建更加完善、更加公平的互联网治理体系具有深远的积极意义。

四、推动网络空间国际交流合作

在第二届世界互联网大会开幕式上，习近平主席首次向世界发出"构建网络空间命运共同体"的倡议，并提出推进全球互联网治理体系

---

[1] 《习近平关于网络强国论述摘编》，中央文献出版社2021年版，第158页。
[2] 习近平：《在第二届世界互联网大会开幕式上的讲话》，《人民日报》2015年12月17日。

变革的"四项原则"和构建网络空间命运共同体的"五点主张",这是国际互联网发展和治理领域的重要成果。当今世界变乱交织,百年变局加速演进,如何解决发展赤字、摆脱安全困境、加强文明互鉴,是我们共同面临的时代课题。网络空间存在的巨大风险,依然存在"发展不平衡、规则不健全、秩序不合理"等现实,国家和地区间的"数字鸿沟"不断拉大,关键信息基础设施存在较大风险隐患,网络恐怖主义成为全球公害,网络犯罪呈蔓延之势。与此同时,互联网日益成为推动发展的新动能、维护安全的新疆域、文明互鉴的新平台,构建网络空间命运共同体既是回答时代课题的必然选择,也是国际社会的共同呼声。我们要共同推动构建网络空间命运共同体迈向新阶段,构建网络空间命运共同体要向高质量发展迈进。习近平主席曾先后提出全球发展倡议、全球安全倡议、全球文明倡议。在2023年世界互联网大会乌镇峰会上,习近平主席首次提出"三大倡导":我们倡导发展优先,构建更加普惠繁荣的网络空间;我们倡导安危与共,构建更加和平安全的网络空间;我们倡导文明互鉴,构建更加平等包容的网络空间。[①]从缩小数字鸿沟,到深化网络安全务实合作,再到推动不同文明包容共生,"三大倡导"为新阶段各国携手构建网络空间命运共同体注入强大正能量。

1. 倡导发展优先,构建更加普惠繁荣的网络空间

互联网加速了全球化进程,让国际社会越来越成为你中有我、我中有你的命运共同体。网络的本质在于互联,信息的价值在于互通。当前,新一代信息技术加速突破,数字化、网络化、智能化在经济社会各领域加速渗透融合,深刻改变了人们的生产方式和生活方式。然而,不同国家和地区间的人民享受数字红利的差距依然存在。不同国家和地区在互联网普及、基础设施建设、技术创新创造、数字经济发

[①] 《习近平向2023年世界互联网大会乌镇峰会开幕式发表视频致辞》,《人民日报》2023年11月9日。

展、数字素养与技能等方面的发展水平不平衡，影响和限制着世界各国特别是发展中国家的信息化建设和数字化转型。同时，网络空间国际合作面临少数国家单边主义、保护主义的冲击，数字鸿沟、伦理挑战、数字治理赤字等问题日益突出。人类要破解共同的发展难题，比以往任何时候都更加需要坚持发展优先，在创新中找动力、在开放中寻新机、在合作中谋共赢，让数字世界更好地增进人类共同福祉。习近平主席强调，深化数字领域国际交流合作，加速科技成果转化。加快信息化服务普及，缩小数字鸿沟，在互联网发展中保障和改善民生，让更多国家和人民共享互联网发展成果。[①]

第一，共同推动全球网络基础设施建设。中国围绕5G、IPv6、云计算、人工智能等前沿议题，组织开展国际对话交流活动，推进全球数字基础设施建设普及。一是推进全球信息基础设施建设。通过光纤和基站等建设，提高相关国家光通信覆盖率，推动当地信息通信产业跨越式发展。推广IPv6技术应用，助力"数字丝绸之路"建设，"云间高速"项目首次在国际云互联目标网络使用SRv6技术，接入海内外多种公有云、私有云，实现端到端跨域部署、业务分钟级开通，已应用于欧洲、亚洲和非洲的10多个国家和地区。中国建成全球最大规模的IPv6商业应用网络，形成下一代互联网自主技术体系和产业生态，推进国际标准化进程，构建面向下一代互联网的国际治理新秩序。骨干网、城域网和LTE网络完成互联网协议第六版（IPv6）升级改造，主要互联网网站和应用IPv6支持度显著提升。截至2022年7月，中国IPv6活跃用户数达6.97亿。[②]中国独立组网率先实现规模商用，积极开展5G技术创新及开发建设的国际合作，为全球5G应用普及作出重要

[①] 《习近平向2023年世界互联网大会乌镇峰会开幕式发表视频致辞》，《人民日报》2023年11月9日。

[②] 中华人民共和国国务院新闻办公室：《携手构建网络空间命运共同体》，人民出版社2022年版，第11页。

贡献。截至2022年6月，中国累计建成开通5G基站185.4万个，5G移动电话用户数达4.55亿，建成全球规模最大5G网络，成为5G标准和技术的全球引领者之一。[①]二是推动北斗相关产品及服务惠及全球。北斗相关产品已出口至全球一半以上国家和地区，与阿盟、东盟、中亚、非洲等国家和区域组织持续开展卫星导航合作与交流，推动北斗系统进入国际标准化组织、行业和专业应用等标准化组织。2020年7月，北斗三号全球卫星导航系统正式开通，向全球提供服务。在非洲肯尼亚，中国企业投资建设的肯尼亚国家数据中心建成，该项目耗资145亿美元，具有软件开发、数据存储与灾备服务，一期工程竣工后，将创造1.7万个工作岗位，并覆盖内罗毕、蒙巴萨等主要城市，将有效提升肯尼亚的信息化水平。印度尼西亚岛屿众多，网络基础设施相对薄弱，印尼政府通过与中国华为公司合作，共同推进包括基站、光纤网络与数据中心等在内的现代化4G及5G网络基础建设，覆盖印度尼西亚全国大部分地区。

第二，积极开展网络扶贫国际合作。中国采取多种技术手段帮助发展中国家提高宽带接入率，努力为最不发达国家提供可负担得起的互联网接入，消除因网络设施缺乏导致的贫困。中国率先推出5G技术，发展大数据、云计算、硬件制造、光缆铺设、人工智能、物联网，并通过共建"一带一路"倡议等，与包括非洲在内的世界各地展开互联互通合作，助力非洲等地区的数字经济建设和互联网服务发展。在非洲20多个国家实施"万村通"项目，通过亚太经济合作组织等平台推广分享数字减贫经验，提出解决方案，例如，将简单小巧的基站放置在木杆上，而且自带电源、功耗很低，快速、低成本地为发展中国家偏远地区提供移动通信服务。2019年底，联合国教科文组织国际高等教育创新中心与4所中国高校及11所亚太、非洲地区的

[①] 周頔：《工信部：建成5G基站185.4万个，5G移动用户4.55亿户》，澎湃新闻，2022年7月19日。

高等院校和9家合作企业共同发起设立国际网络教育学院[①],通过开放的网络平台促进发展中国家高校与教师数字化转型,消除因知识技能匮乏带来的贫困。中国企业支持南非建成非洲首个5G商用网络和5G实验室。

第三,推动数字技术助力全球经济发展。数字经济以信息和通信技术为基础,涵盖了电子商务、人工智能、大数据、元宇宙等多个领域,成为推动全球增长的新引擎。党的十八大以来,中国积极务实开展国际数字技术交流合作,同世界各国一道,携手走出一条数字资源共建共享、数字经济活力迸发、数字治理精准高效、数字文化繁荣发展、数字安全保障有力、数字合作互利共赢的全球数字发展道路。中国加强与东盟国家在信息领域的合作,搭建"信息丝绸之路",以深化网络互联、信息互通、互利合作为基本内容,本着"共商、共建、共享"的目标和原则,与东盟国家进一步加强在贸易投资和区域经济一体化方面的合作,把"一带一路"建设在经贸领域落到实处。自2016年以来,中国与五大洲22个国家建立双边电子商务合作机制[②],建立中国—中东欧国家、中国—中亚五国电子商务合作对话机制,"丝路电商"合作成果丰硕。中国积极研发数字公共产品,中阿电子图书馆项目以共建数字图书馆的形式面向中国、阿盟各国提供中文和阿拉伯文自由切换浏览的数字资源和文化服务。充分利用网络信息技术,建设国际合作教育"云上样板区"。联合日本、英国、西班牙、泰国等国家的教育机构、社会团体共同发起"中文联盟",为国际中文教育事业搭建教学服务及信息交流平台。2020年10月,与东盟国家联合举办"中国—东盟数字经济抗疫政企合作论坛"。向相关国家捐赠远程视频会议

---

① 李玉兰:《更加开放自信走向世界舞台 盘点中国教育的国际"朋友圈"》,《光明日报》2022年9月21日。
② 彭训文:《中国已与五大洲22个国家建立双边电子商务合作机制》,《人民日报(海外版)》2021年4月16日。

系统，提供远程医疗系统、人工智能辅助诊疗、5G无人驾驶汽车等技术设备及解决方案。

2. 倡导安危与共，构建更加和平安全的网络空间

互联网是一把双刃剑，既创造了一个活力无限的数字世界，也带来一系列安全上的风险挑战。网络安全是全球性挑战，没有哪个国家能够置身事外、独善其身，维护网络安全是国际社会的共同责任。当前，网络犯罪时有发生，网络监听、网络攻击、网络病毒肆虐、网络恐怖主义活动等成为全球公害。面对这些新问题和新挑战，国际社会应该在相互尊重、相互信任的基础上，加强对话合作。习近平主席指出，要尊重网络主权，尊重各国的互联网发展道路和治理模式。遵守网络空间国际规则，不搞网络霸权。不搞网络空间阵营对抗和军备竞赛。深化网络安全务实合作，有力打击网络违法犯罪行为，加强数据安全和个人信息保护。妥善应对科技发展带来的规则冲突、社会风险、伦理挑战。[①] 因此，我们应该做到：

（1）尊重网络主权，不搞网络霸权

国家管理主权范围内一切事项，包括网络空间活动，反对外来军事干预，反对搞双重标准。我国是网络主权的发起国和倡导国。早在2010年《中国互联网状况》白皮书就明确地指出，中华人民共和国境内的互联网属于中国主权管辖范围，中国的互联网主权应受到尊重和维护。2015年7月《中华人民共和国国家安全法》首次将"网络空间主权"以法律形式予以确定。2023年世界互联网大会乌镇峰会上，习近平主席再次提出要"尊重网络主权，尊重各国的互联网发展道路和治理模式"。[②]

---

① 《习近平向2023年世界互联网大会乌镇峰会开幕式发表视频致辞》，《人民日报》2023年11月9日。

② 《习近平向2023年世界互联网大会乌镇峰会开幕式发表视频致辞》，《人民日报》2023年11月9日。

第八章
推动构建网络空间命运共同体

2013年第三届联合国政府专家组提交的共识报告指出,"国际规范、规则和原则适用于信息和电信技术"有助于促进和平与安全。报告指出,国际法特别是《联合国宪章》,以及国家主权原则,适用于国家开展与信息和电信技术有关的活动,以及对通信技术的管辖权问题。但实践中,各国在网络空间行使主权的理念和具体做法仍存在不同认识。最初阶段,西方国家打着"全球公域"和网络世界"互联互通"的旗号,极力弱化或否定网络空间中的国家主权。现阶段,少数国家推行网络霸权、利用网络技术和话语优势侵犯他国主权、干涉他国内政等行径,成为网络空间发展和治理中的一大"公害"。他们排斥网络主权,推崇"网络自由",基于以下两点考量:首先,西方国家倡导"网络自由",通过信息"自由流动"侵犯他国主权,而网络主权的提倡会使他国网络管控更加严格,影响削弱西方国家意识形态的渗透。以西方国家政治界、学术界和产业界精英为代表的互联网自由主义者主张,互联网无国界,对互联网的访问、管理都应超越单纯的民族国家的界限,达到实现一种不受限制的、完全自由的状态。对一些国家实施网络监管的做法,西方国家从法理上否定其网络主权。可以看出,所谓的网络自由,就是西方国家推行其价值观的政治工具。

其次,西方国家在网络攻防技术和网络治理方面具有绝对优势,网络主权会限制西方国家的优势。西方发达国家一直是网络信息技术领域的领头雁。就美国而言,其不仅具备超强网络攻防技术,而且同时在网络治理方面具有绝对优势:其独霸网络资源的分配权力,掌控着互联网主动脉,握有互联网核心技术;美国享有网络控制的主导权,其对互联网通信干线、基础设施和关键设备具有进行控制能力,能够操控信息源并主导网络语言的形态存在;美国还有意主导网络规则的制定等。美国利用其技术优势,在增强自身网络安全的同时加强对参与国信息与安全的控制,从而实现其网络霸权图谋。

对于网络霸权国家来讲，最好没有网络主权，这样它可以自由出入于网络空间的每个节点和角落；但对于中国这样的发展中国家而言，网络主权却是管辖本国网络、维护本国网络安全的前提。若没有网络主权，网络安全也就失去了根基。需要指出的，中国强调尊重网络主权，不是要割裂全球网络空间，而是强调在主权平等的基础上，各国无论互联网发展快慢、技术强弱，参与权、发展权、治理权都应是平等的，都应得到有效保障。中国积极倡导《联合国宪章》确立的主权平等原则可适用于网络空间，在国家主权基础上构建公正合理的网络空间国际秩序。各国有权根据本国国情，借鉴国际经验，制定有关网络空间的公共政策和法律法规。中国在与他国合作中，充分尊重各国于网络领域的政策选择及自主发展权利，不搞网络霸权，不利用网络干涉他国内政，不从事、纵容或支持危害他国国家安全的网络活动，不侵害他国关键信息基础设施。正如习近平总书记所强调的："虽然互联网具有高度全球化的特征，但每一个国家在信息领域的主权权益都不应受到侵犯，互联网技术再发展也不能侵犯他国的信息主权。"[1]尊重网络主权是推进全球互联网治理体系变革的首要原则。"世界各国虽然国情不同、互联网发展阶段不同、面临的现实挑战不同，但推动数字经济发展的愿望相同、应对网络安全挑战的利益相同、加强网络空间治理的需求相同。"[2]这代表了世界绝大多数国家特别是广大发展中国家推动全球互联网治理体系更加公正合理的共同心声。在维护网络主权、反对网络霸权的问题上，中国与印度、俄罗斯等网络新兴大国存在共同的利益诉求，都强调尊重网络主权原则，捍卫国家网络主权的独立性以及政府主导的网络空间治理模式。基于这一共识，中国可考虑与世界上广大发展中国家一道推动建立和谐稳定的网络空间新秩序。

---

[1] 《习近平关于网络强国论述摘编》，中央文献出版社2021年版，第149页。
[2] 《习近平关于网络强国论述摘编》，中央文献出版社2021年版，第165页。

（2）不搞网络空间阵营对抗和军备竞赛

近年来，西方国家将冷战思维扩展延伸到网络空间，运用零和博弈思维，以意识形态划界，给中国扣上"数字威权主义"的帽子。西方国家还将网络议题政治化，泛化国家安全概念，严重恶化网络空间和平、安全、开放、合作、有序的状态。各方势力利用遍布全球的社交媒体，挖掘数据、操控舆论、蛊惑人心，深度伪造，上演了颠覆与被颠覆的"颜色革命"和控制与被控制的"认知战"。与此同时，美西方在网络空间积极扩军备战，网络军备竞赛如火如荼展开，一些国家在网络空间横行霸道，网络武器化、网络空间实战化愈加明显，基于政治和安全的网络冲突对抗愈加凸显。

因此，中国致力于加强网络战略合作与沟通，反对搞"数字铁幕"和将网络变成战场，反对任何形式的科技霸权、网络霸权，中国积极搭建高端化的国际对话交流平台，与世界各国一道推动构建和谐稳定的网络空间新秩序。中国强调，网络空间应当是百花齐放的"大舞台"，而不是搞数字铁幕的"新战场"。为避免国际网络空间的阵营对抗和"脱钩断链"，中国应积极推动网络数字空间国际规则制定的有效性、权威性和推广性，在联合国和世贸组织等国际组织中积极推进；把握具体国家的具体诉求，切入适合的合作议题，淡化模糊"规锁"与"脱钩"在供应链与产业链的产业边界，增加"搞小圈子"和"小院高墙"阵营对抗的成本，让网络数字空间的国际交流合作回到正常的市场运营；中国避免陷入西方阵营设计，争取一切可以争取的力量，不断扩大网络空间朋友圈，让合作共赢的收益远远高于放弃或对抗的成本。中国聚焦全球数字领域前沿热点议题联合开展研究，发布研究成果，积极参与全球数字规则构建，进一步凝聚国际共识，探索构建更加公平合理、开放包容、安全稳定、富有生机活力的网络空间。

（3）深化网络安全务实合作，有力打击网络违法犯罪行为

互联网促进了经济、文化等全球化发展，也易引发信息鸿沟、网

络恐怖主义活动等全球问题。网络恐怖主义、网络犯罪、网络诈骗等跨国性难题频发，亟须推动跨国网络安全合作建设。中国一贯支持打击网络犯罪国际合作，支持在联合国框架下制订全球性公约，在上海合作组织框架下参与签署了《上海合作组织成员国元首阿斯塔纳宣言》《上海合作组织成员国元首关于共同打击国际恐怖主义的声明》等重要文件。与此同时，中国推动全球网络空间规则建设，携手应对网络安全新挑战。2023年，中缅多次就合力打击缅甸境内电诈网赌等犯罪活动进行了专题协调，中缅联合打击跨国电信网络诈骗犯罪取得标志性重大成果。随着大模型与人工智能技术不断发展，为解决跨国网络难题提供了新思路与方法，可更好管理与监控跨境数据流动，加强跨国网络安全合作。

3. 倡导文明互鉴，构建更加平等包容的网络空间

文明因交流而多彩，因互鉴而发展。构建更加平等包容的网络空间，需要加强网上交流对话，促进各国人民相知相亲，推动不同文明包容共生，更好弘扬全人类共同价值。文明有姹紫嫣红之别，却没有高低优劣之分。然而，当今世界霸权主义、单边主义横行，"文明优劣论""文明冲突论""制度对抗论"沉渣泛起，这样的对抗冲突也延伸到了网络空间，威胁着人类前途命运和文明前景。同时，一些宣扬暴力、冲突、低俗等违背人类共同价值观的"堕落文化"也在国际网络空间以裂变式传播。互联网是传播人类优秀文化、弘扬正能量的重要载体。习近平主席指出："我们倡导文明互鉴，构建更加平等包容的网络空间。"[①]打造网上文化交流共享平台，促进交流互鉴，有利于共同推动网络文化繁荣发展，丰富人们精神世界，促进人类文明进步。

第一，倡导多元与包容。在网络空间中，倡导多元与包容可以

[①]《习近平向2023年世界互联网大会乌镇峰会开幕式发表视频致辞》，《人民日报》2023年11月9日。

促进不同文明共生发展。要倡导多元，承认和尊重文明的多样性，认可和接纳这种多样性，进而欣赏和学习其他文明成果，促进不同文明之间的互相交流和启迪。要倡导包容，摒弃偏见和歧视，以包容的态度对待其他文明，认识到每一个国家和民族的文明都是独特的，坚持求同存异、取长补短。只有加强网上交流对话，促进各国人民相知相亲，推动不同文明包容共生，才能更好弘扬全人类共同价值。只有加强网络文明建设，促进优质网络文化产品生产传播，充分展示人类优秀文明成果，积极推动文明传承发展，才能共同建设网上精神家园。

第二，加强网上交流对话。不同国家和民族的文化存在着差异，网络空间中的多方对话可以增进相互之间的认知和交流。习近平主席顺应时代发展潮流，深刻指出"加强网上交流对话，促进各国人民相知相亲，推动不同文明包容共生，更好弘扬全人类共同价值"[1]。要积极建立跨文化的网络空间交流平台，为不同文化提供彼此对话、相互理解的机会，通过对话表达观点、传递理念、分享经验，以开放态度倾听和回应他人观点，提升对彼此立场和思维的理解，进而增进信任和友谊，最大限度消除误解和偏见。一个更加平等包容的网络空间，旨在消弭冲突、对立、隔阂、偏见，成为推动世界文明百花园群芳竞艳的大舞台。让对话代替对抗，以文明守护文明。我们应倡导文明互鉴，尊重世界文明多样性，注重运用数字技术赋能文明传承与创新，中国应秉持平等、互鉴、对话、包容的文明观，用人类优秀文明成果滋养网络空间，引导全球文明共建网上美好精神家园。

第三，打造网上交流平台。利用互联网这个"文明互鉴新平台"推动各国文明平等交流和合共生，成为增进各国人民友谊的桥梁、推动人类文明进步的动力。当下，以5G、云计算、人工智能为代表的新

---

[1] 《习近平向2023年世界互联网大会乌镇峰会开幕式发表视频致辞》，《人民日报》2023年11月9日。

一代信息技术不断发展，为文明传承发展插上数字翅膀、为文化守正创新提供新的平台。2020年6月，"中国联合展台在线平台"上线，该平台集信息发布、展览展示、版权交易、互动交流等于一体，成为各国视听机构、视听节目和技术设备展示交流平台。构建多语种的"丝绸之路数字遗产与旅游信息服务平台"，以图片、音视频等形式推介"丝绸之路"沿线国家1500处世界遗产与旅游资源，充分展现科学、美学、历史、文化和艺术价值。2021年5月，联合法国相关博物馆举办"敦煌学的跨时空交流与数字保护探索"线上研讨会，共同探索法藏敦煌文物的数字化保护与传播的新方向、新模式、新方案，以推进敦煌文物的数字化呈现和传播。此外，中俄网络媒体论坛、中国—南非新媒体圆桌会议、中坦（坦桑尼亚）网络文化交流会等持续举办，也在以不同形式推动着网络文化与文明交流互鉴。以数字技术赋能推动优秀传统文化创造性转化、创新性发展，进一步丰富互联网表达，繁荣发展文化事业和文化产业，为构建更加平等包容的网络空间作出更大贡献。

后 记

习近平总书记指出:"没有网络安全就没有国家安全,没有信息化就没有现代化。"网络强国是中华民族伟大复兴的重要支撑,是社会主义现代化国家建设的重要内容。

当前,新一轮科技革命和产业变革方兴未艾,互联网成为影响世界的重要力量,深刻改变着全球经济格局、利益格局、安全格局。必须深刻认识到,推进网络强国建设,不但关乎国家、社会和个人的切身利益,而且关乎我们以中国式现代化全面推进中华民族伟大复兴的战略前景。于是,探究网络强国建设的战略意蕴、科学内涵、面临挑战及实现路径具有重要的理论意义和实践价值。

本书共分为八章,笔者在深刻把握网络强国的本质特征以及既有的网络强国建设实践经验基础上,从网络强国建设的时代背景、理论基础、科学内涵、历史脉络、主要内容、能力建设等多个维度,全面、系统地探讨了新时代我国网络强国建设的基本理论与实践问题。

本书由谢玉科、杜雁芸、袁珺、杨苹苹所著,朱妍参与资料整理和第一、二章内容的撰写。在书稿编写过程中,为丰富写作视角、提升写作高度,笔者认真学习习近平总书记关于网络强国的重要思想,深刻领会党和国家在推进网络强国建设方面的决策、政策和制度,广泛阅读和借鉴了相关领域专家学者的颇具价值的研究成果,在此对相关专家学者深表谢意。初稿完成后,国防科技大学军政基础教育学院马克思主义理论系董晓辉教授、马克思主义理论系马克思主义哲学教研室的有关专家学者提出了宝贵的修改建议,进一步提升了本书的质量,在此一并表示感谢。

由于作者水平有限,加之著书时间仓促,书中难免有不足之处,敬请读者批评指正。

谢玉科

2025年2月